家用电器原理与维修技术

主　编　梁世盛　黄　权
副主编　陆　军　梁　涛
参　编　王权东　胡钦宝
　　　　刘园园　蒋　艳
　　　　李　卓

中国商业出版社

图书在版编目(CIP)数据

家用电器原理与维修技术 / 梁世盛，黄权主编. －北京：中国商业出版社，2018.3
ISBN 978－7－5044－8916－6

Ⅰ. ①家… Ⅱ. ①梁…②黄… Ⅲ. ①日用电气器具－理论－职业教育－教材②日用电气器具－维修－职业教育－教材
Ⅳ. ①TM925

中国版本图书馆 CIP 数据核字(2015)第 052717 号

责任编辑:蔡凯

中国商业出版社出版发行
010－63180647 www.c－cbook.com
（100053 北京广安门内报国寺 1 号）
新华书店经销
北京市书林印刷有限公司印刷

* * * * *

开本:787×1092 毫米 1/16 印张:10.75 字数:150 千字
2018 年 3 月第 1 版 2018 年 3 月第 1 次印刷
定价:35.00 元

* * * *

（如有印装质量问题可更换）

前　言

本书是按照教育部对中职、高职高专的培养目标以及对本课程的基本要求编写而成的，可作为中职、高职院校的教材。

随着人们生活水平的不断提高，各式各样功能新颖的家电产品逐渐普及到千家万户，成为人们日常生活中不可或缺的生活用品。同时，家电产品的售后保养维修服务也要及时到位，并需要大量的熟悉各种家电产品性能的专业人才。因此，作为中、高职院校电子技术专业的学生，有必要学习和掌握家用电子产品这方面的知识，增加一个就业的途径。

本书内容面向各种常用电器设备，如：电饭锅、消毒柜、电热水器、洗衣机、电磁炉、液晶电视机、投影机、打印机、复印机、电冰箱，详细地讲解了它们的结构、原理与常见故障维修知识。本书以典型产品为例，图文并茂，力求通俗易懂，举一反三，同时对产品中采用的新技术进行了介绍，具有针对性、典型性、实用性的特点。

我们编写本书的目标是：着重认识基本结构，掌握电路原理和维修方法，即不仅要学会机械维修的技能，还需要学会电路维修的能力。以图文的方式描述，使读者能读得懂、学得会，快速掌握维修技术。本书理论联系实际，最大限度地反映出近年来实际应用中的新技术、新工艺。

为帮助学生掌握和巩固学习要点，每个项目后面都给出了体现教学基本要求的习题。

本书由具有多年教学经验和熟练实践技能的教师编写。梁世盛老师负责编写项目一、二、三，黄权老师负责编写项目四、五，陆军老师负责编写项目六、七，梁涛老师负责编写项目八，王权东、胡钦宝老师负责编写九，刘园园、蒋艳、李卓老师负责编写项目十。

由于编者水平有限，本书难免有欠妥之处，恳请广大读者批评指正。

编　者

2018 年 3 月

目 录

项目一 电饭锅的维修

电饭锅是最常见的电热炊具之一，它操作简单，使用安全可靠，而且煮好的饭不焦糊、不夹生，易清洗(内胆经过特殊处理，饭不粘锅)。经过不断地技术更新，更多功能的电饭锅推向市场，如有些高档电饭锅同时具有煮饭、煮粥、煲汤、炖、蒸等多种功能。目前，市场上常见的电饭锅有普通电饭锅和电脑控制式电饭锅。

任务1 普通电饭锅的维修

一、任务名称

本任务名称是普通电饭锅的维修。

二、任务描述

1. 普通电饭锅的基本结构

普通电饭锅又称为机械控制式电饭锅，其外形与结构形式虽多，但主要由外壳、锅盖、内锅、电热盘、磁钢限温器、恒温器(或用保温片)、杠杆开关、指示灯等构成，其基本结构如图1-1-1所示。

普通电饭锅

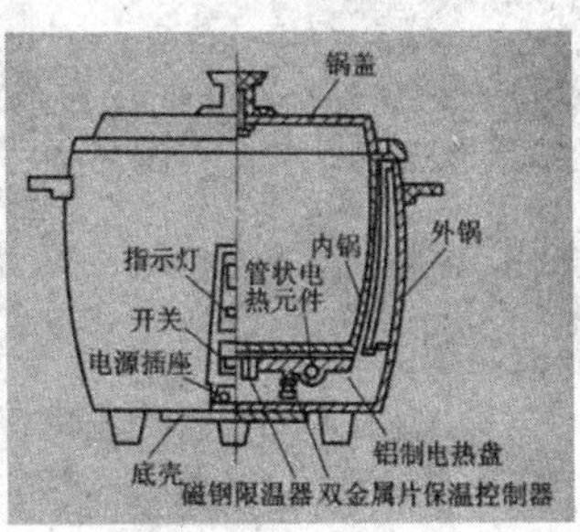

普通电饭锅的基本结构

图1-1-1 普通电饭锅的基本结构图

(1)锅盖

锅盖与外壳制成一体，由铰链与锅体连接，具有密封性能好，易于开合的特点，锅盖上有密封橡皮圈、保温层、透气孔及紧锁装置，这样是为了更好地密封。

(2)外壳

外壳由 0.6 ~ 1.2mm 厚的冷轧钢板拉伸而成，表面涂有装饰漆层。外壳设有保温层，可长时间保持锅内食物的温度。

(3)内锅

内锅由铝板一次拉伸而成，底部加工成球面状，与电热盘紧密接触，具有导热快的特点。内锅还采用喷砂、化学抛光和防粘涂层等处理，以防止米饭粘锅。

(4)电热盘

如图 1 – 1 – 2 所示，电热盘是电饭煲的主要发热元件，其结构是一个内嵌电发热管的铝合金圆盘，表面制成球面状，这样能够与内锅紧密接触，保证电热盘产生的热量最大限度传到锅底。

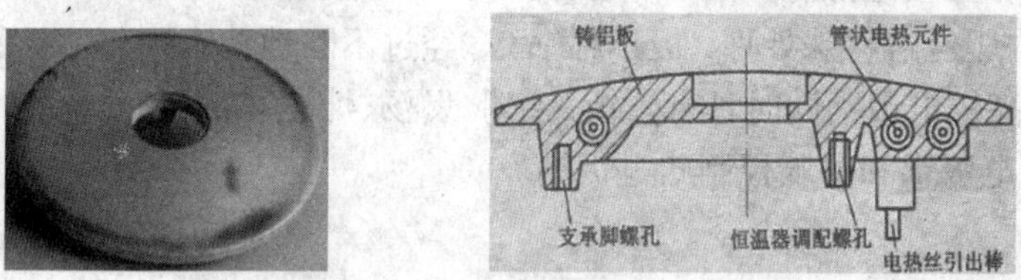

图 1 – 1 – 2　电热盘结构图

(5)磁钢限温器

磁钢限温器又叫磁钢，其作用是在电饭锅饭煮熟后自动断电的装置，如图 1 – 1 – 3 所示。

磁钢限温器主要由感温磁钢和永久磁铁组成，煮饭时按下杠杆开关，感温磁钢和永久磁铁吸合，微动开关闭合，电源接通发热盘，电饭锅开始加热食物，当食物煮熟，内锅不再有水，温度升到 103℃时，感温磁钢失去磁性，永久磁铁在弹簧作用下弹开，杠杆随之运动，使微动开关断开，停止加热。

微动开关断开，停止加热。

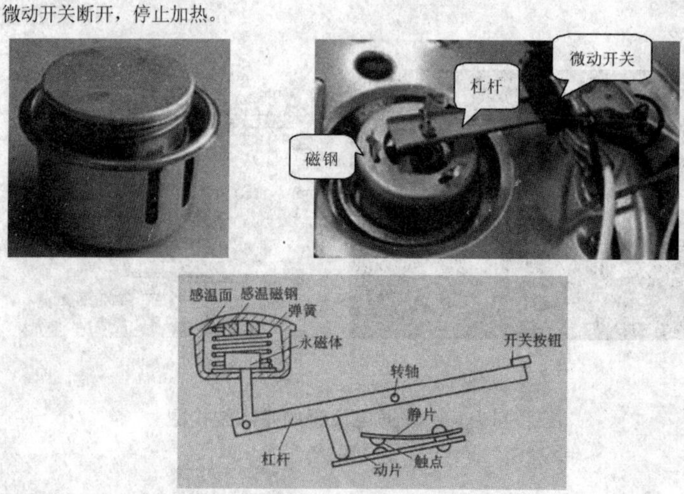

图 1 – 1 – 3　磁钢限温器杠杆开关结构图

(6)恒温器

也称为双金属片温控器，是电饭锅煮熟饭后的自动保温装置，如图 1 －1 －4 所示。它是由一个弹簧片、一对常闭触点、一对常开触点、一个双金属片组成。双金属片由膨胀系数不同的两种金属轧制而成，其中一片的热膨胀系数大于另一片，常温下两金属片保持平直，当温度达到 80℃ 以上时，由于两金属片热膨胀系数不同，双金属片就产生弯曲，使触点断开，电热盘断电；当温度下降到 80℃以下时，双金属片开始冷却恢复正常，触点闭合接通电路，电热盘得电加热；如此反复，使电饭锅内的温度保持在 65 ±5℃ 左右，达到保温效果。

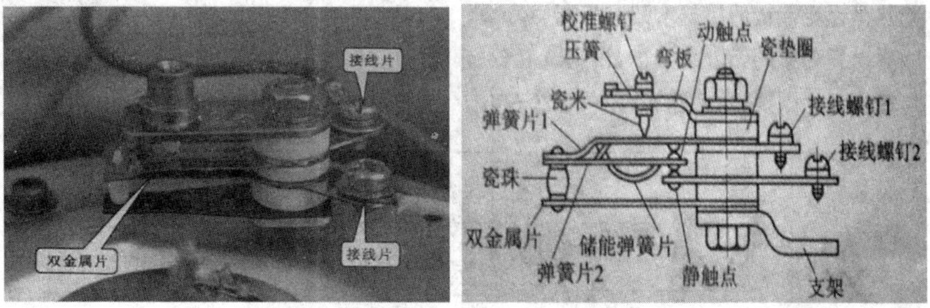

图 1 －1 －4　双金属片温控器结构图

(7)保温片

另外一种常见的保温方式是采用保温片保温，如图 1 －1 －5 所示。保温片安装在锅底与煮饭开关并联，煮饭时它不起作用，当饭煮熟时，煮饭开关断开，于是电源经保温片和发热盘形成串联回路，由于保温片电阻远大于发热盘电阻，由它发热经发热盘辐射到锅底，达到保温目的，只不过这种保温方式一直在耗电。

图 1 －1 －5　保温片

(8)限流电阻

也称为超温保护熔断器，如图 1 －1 －6 所示。外观金黄色或白色为多，安装在电热盘与电源之间，起着保护电热盘的作用。常用的限流电阻为 185℃ 5A 或 10A(根据电饭煲功率而定)。限流电阻是保护发热管的关键元件，不能用导线代替。

图 1 －1 －6　超温保护熔断器

2. 普通电饭锅电路的工作原理

普通电饭锅基本电路如图 1 －1 －7 所示。

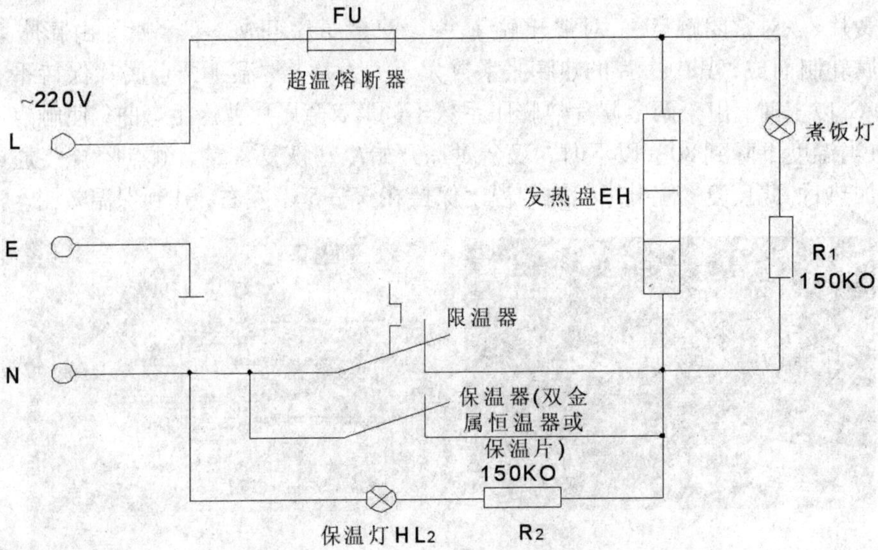

图1－1－7　普通电饭锅典型电路

电饭锅的工作过程:接通电源，按下磁钢限温器杠杆开关，微动开关触点闭合，220V交流电经超温保护熔断器FU、发热盘EH形成回路，发热盘发热，开始煮饭，此时煮饭指示灯HL1亮。当温度达到感温磁钢居里温度(103±2)℃时，感温磁钢失磁，永磁体在重力和弹力作用下跌落，杠杆摆动使微动开关触点断开;由于双金属片温控器触点在80℃时已经断开，此时保温指示电路形成回路，保温指示灯HL2亮，因R2电阻阻值远大于发热盘，发热盘不工作。随着锅内温度下降，在低于65℃时，双金属片温控器触点闭合，发热盘又开始加热升温。如此反复，使锅内温度保持在70℃左右。

三、任务完成

1. 普通电饭锅的拆卸

拆卸和安装电饭锅是检修和排除故障的基本技能，下面图示1－1－8说明电饭锅拆卸过程。

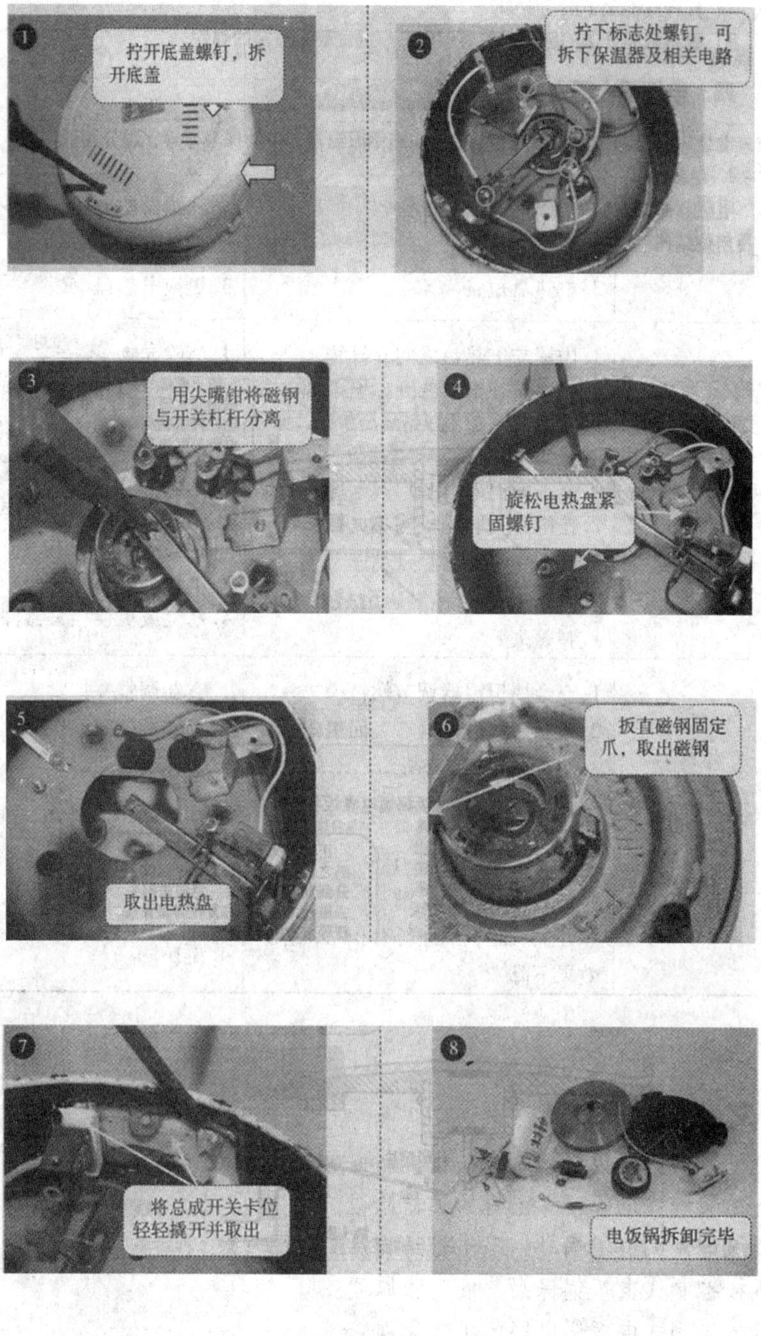

图 1－1－8　普通电饭锅的拆卸过程

2. 普通电饭锅的组装

电饭锅的组装与拆卸步骤相反。

3. 常见故障及检修方法

普通电饭锅的常见故障及检修方法如表 1 所列。

表 1

故障现象	可能原因	检修方法
接通电源后，指示灯不亮	1. 电源与电饭锅电路没有接通 2. 指示灯损坏或降压电阻开路	1. 检查供电回路 2. 更换相关元件
接上电源，熔体断	1. 锅内部电器部件短路 2. 开关绝缘不良 3. 电热盘短路	1. 找出短路处的地方予以排除 2. 更换开关 3. 更换电热盘
煮饭夹生	1. 内锅与电热盘之间有异物 2. 双金属片恒温器起控温度偏低 3. 按键开关接触不良	1. 清除异物 2. 调节恒温器上调节螺钉 3. 压紧触点簧片，使其紧密接触
煮焦饭	1. 双金属恒温器起控温度偏高 2. 按键开关联动机构不灵括 3. 双金属恒温器触点粘连 4. 内锅变形与感温磁钢接触不良或弹簧失效	1. 调节恒温器上调节螺钉 2. 修正或更换开关 3. 更换 4. 修复或更换相关器件
保温不正常	1. 双金属恒温器调节螺钉松 2. 双金属恒温器触点表面氧化 3. 双金属片弹性不足	1. 重新调整并拧紧 2. 细砂纸打磨触点 3. 更换
漏电	1. 导线绝缘层破损 2. 电热管封口材料损坏 3. 电器部件浸水受潮 4. 开关、插头、插座等有积垢，绝缘效果下降	1. 更换新导线 2. 重新封口绝缘 3. 干燥处理 4. 更换

思考题

1. 简述机械控制式电饭锅的基本结构。
2. 简述机械控制式电饭锅保温器的工作原理。
3. 简述机械控制式电饭锅磁钢限温器结构及工作原理。
4. 简述机械控制式电饭锅保温片的工作原理。
5. 简述机械控制式电饭锅电路的工作原理。
6. 简述普通电饭锅煮烧焦饭的故障原因及排除方法。

任务2　电脑控制式电饭锅的维修

一、任务名称

本任务名称是电脑控制式电饭锅的维修。电脑控制式电饭锅与机械控制式电饭锅(普通电饭锅)相比,取消了开关总成、双金属温控器等机械控制器件,增加了电路控制板、温度传感器、操作控制面板等,同时也增加了许多新功能。

二、任务描述

1. 电脑控制式电饭锅的基本结构

图1-2-1是典型电脑控制式电饭锅整体结构,它主要由锅体(外壳、内锅、上盖)、加热器、温度检测传感器、控制电路和电源电路等组成。

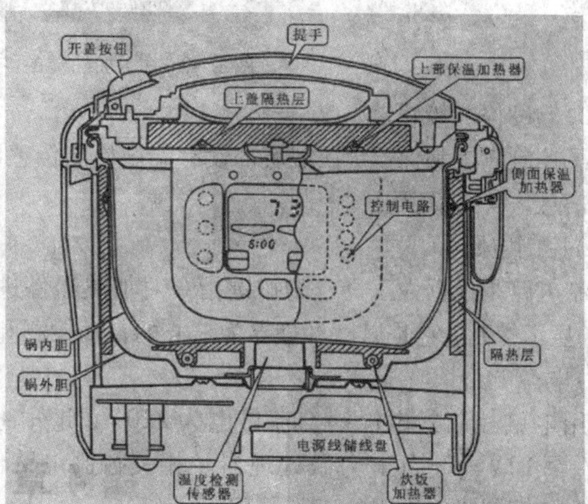

图1-2-1　典型电脑控制式电饭锅的基本结构

(1)加热器

主要的煮饭加热器位于内锅底部。为了更好地保温,在内锅周围和锅盖内侧设有保温加热器。其结构如图1-2-2所示。

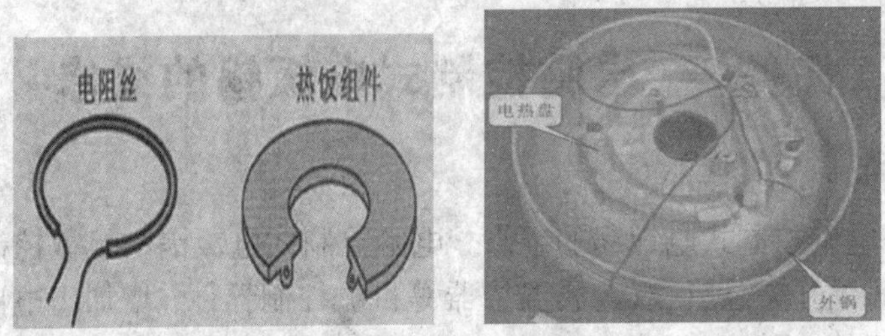

煮饭加热器，一般铸在外锅底部

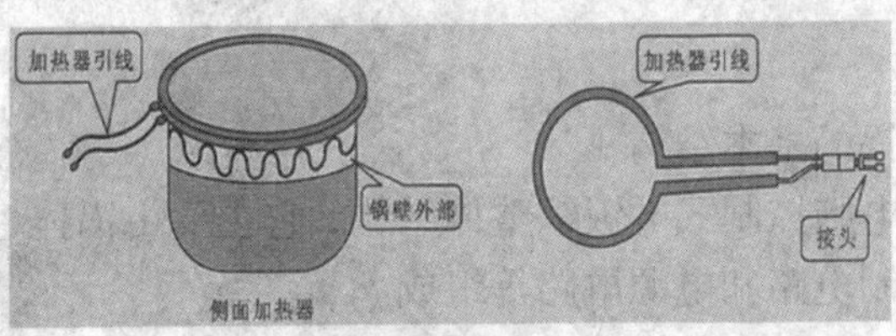

保温加热器结构

图 1－2－2　加热器的结构

(2)温度检测传感器

为了控制煮饭和保温，在锅底部设有温度检测传感器(热敏电阻)，它为控制电路提供锅的温度信息，以便实现温度控制。

(3)控制电路

控制电路是根据人工操作的按键指令对加热器件进行供电控制，包括定时供电控制、保温控制、显示控制，它是以微处理器为核心的自动检测和控制电路。

(4)电源电路

家用电脑控制式电饭锅交流供电为 220V，此外还设有低压直流电源供电电路，如产生 +5V、+12V 等电压，为微处理器及相关控制电路供电。

2. 电脑控制式电饭锅的工作原理

(1)电脑控制式电饭锅电路的工作原理

图 1－2－3 是电脑控制式电饭锅电路方框图。主要由加热器的供电电路和微处理器控制电路组成。

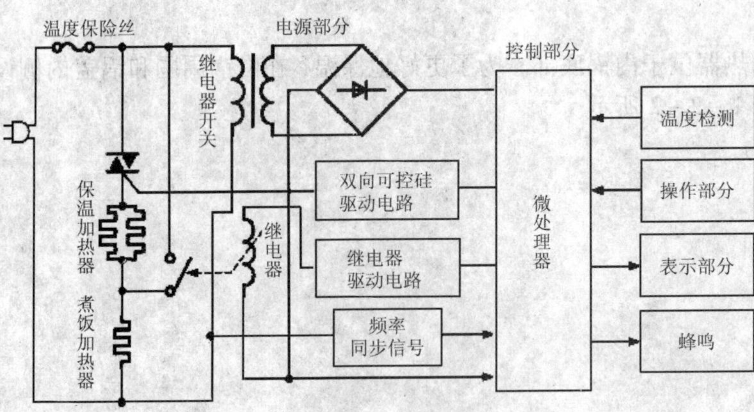

图 1－2－3　电脑控制式电饭锅电路方框图

① 加热器的控制

从图 1－2－3 中可见，煮饭加热器的供电受继电器的控制，交流 220 V 的电源可通过继电器触点加到煮饭电热器上，在煮饭电热器的两端有 220V 的交流电压。煮饭电热器的主体通常是电阻丝，它是由合金材料制成的，通常电阻值较大，通电后会发热，对内锅加热。当饭熟之后，继电器释放触点，停止加热，此时，控制电路启动晶闸管(可控硅)，晶闸管导通，交流 220 V 通过晶闸管将电压加到保温加热器和煮饭加热器上，两种加热器成串联型。由于保温加热器的功率较小、电阻值较大，煮饭加热器上只有较小的电压，这种情况的发热量较小，只起保温的作用。

② 保温加热器的控制

煮饭加热器进行煮饭加热时，锅底的温度传感器不断地将温度信息传送给微处理器，当水分大量蒸发，锅底没有水的时候，其温度会超过 100℃，此时微处理器判别饭已熟(不管饭有没有熟，只要内锅内不再有水，微处理器便做出饭熟的判断)，便切断煮饭加热器的供电，而启动晶闸管进行保温。保温加热器分别设置在内锅的周围和锅盖上，同时煮饭加热器中也有少量的电流，发热较小，起底部保温作用。

③ 定时控制

在控制电路中设有时钟电路，在微处理器中进行减法运算，到达设定时间便可停止加热。也可以预约定时启动，由微处理器根据现在时刻和预定时间进行减法运算，到达零时启动。电路中的频率同步信号电路是将电源的频率信号取出来作为基准信号。

(2)实例电路

图 1－2－4 是某品牌电脑控制式电饭锅电路原理图。

其中图(a)是电源供电电路，图(b)是系统控制电路。交流 220V 电源经保险丝 FU 加到电热器，在电热器的一端设有继电器开关 K,当开关 K 接通时 220V 电压才能加到电热器上，而继电器是受晶体管 VT1 控制的，VT1 导通继电器绕组中才有电流，开关 K 才能闭合。VT1 通过插件 X2③脚接到微处理器 TMP87P809N 的 26 脚。电饭煲开始加热时，微处理器 3 脚输出高电平，使 VT1 导通，开关 K 闭合，加热器开始加热。

交流 220V 电源经变压器 T 输出，交流低压再经桥式整流器 VD1～VD4，变成直流低压，再经三端稳压器 ICl (7805)输出 +5V 电压，为微处理器供电。同时 5V 电压经 IC3 产生复位电压加到微处理器的 5 脚上，为微处理器提供复位信号。

温度检测传感器 RT1、RT2 分别将炊饭的温度信号经插件 X2 送到微处理器的 5、4 脚，为微处理器提供温度信息。

微处理器的 6～10 脚是人工指令信号的输入端。它们分别是定时 +、定时 -，开始(炊饭)、关机和功能选择键的输入端。

12～23 脚是发光二极管显示信号的驱动输出端，分别显示工作状态、定时时间等信息，1、2 脚外接晶振，为微处理器提供时钟振荡信号。

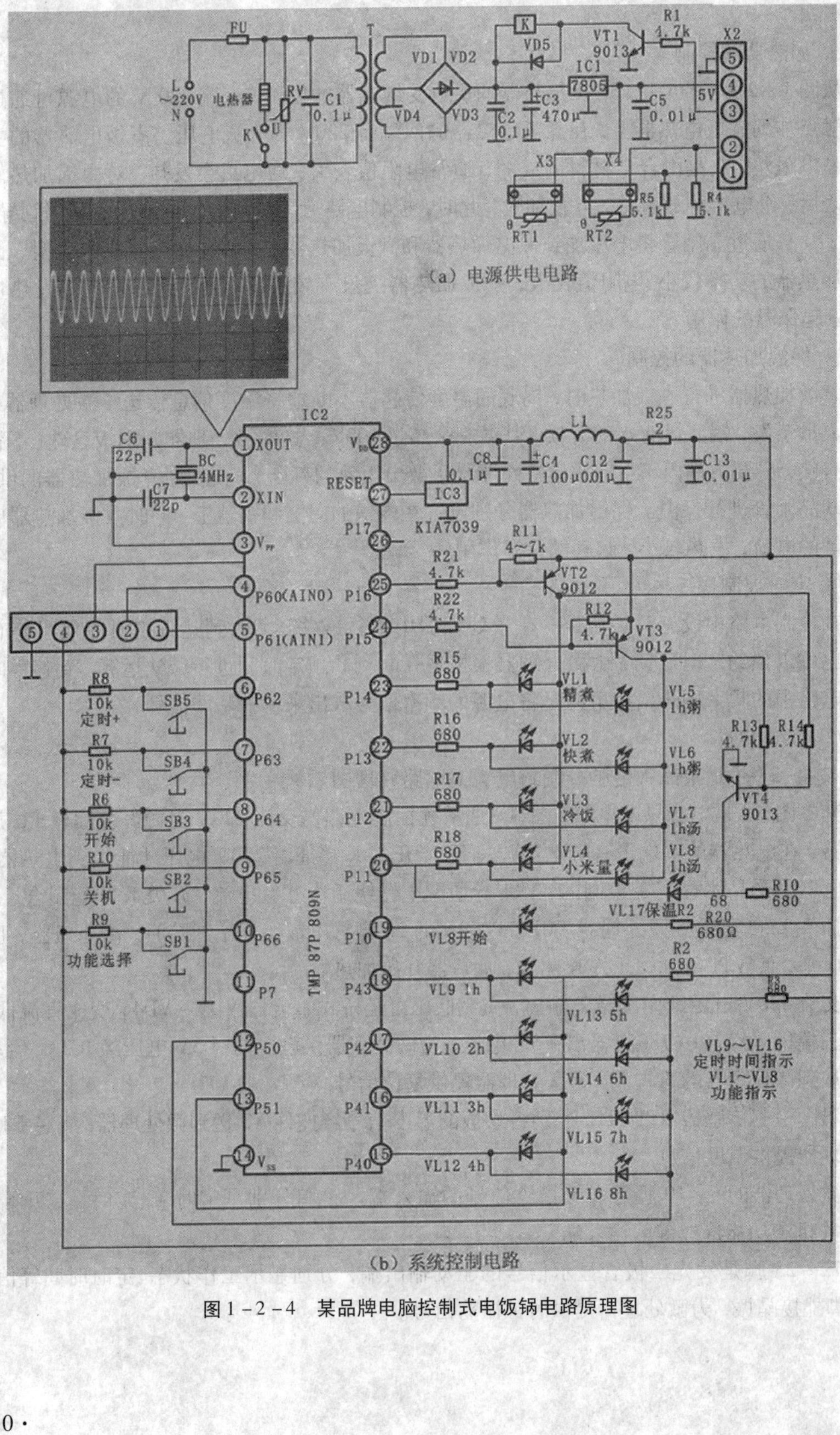

图 1－2－4　某品牌电脑控制式电饭锅电路原理图

三、任务完成

1. 电脑控制式电饭锅的拆卸

相对于机械式控制式电饭锅，电脑控制式电饭锅的结构比较复杂，维修时要小心拆卸，以下图示为外壳和电路板的拆卸步骤。

(1)锅盖的拆卸

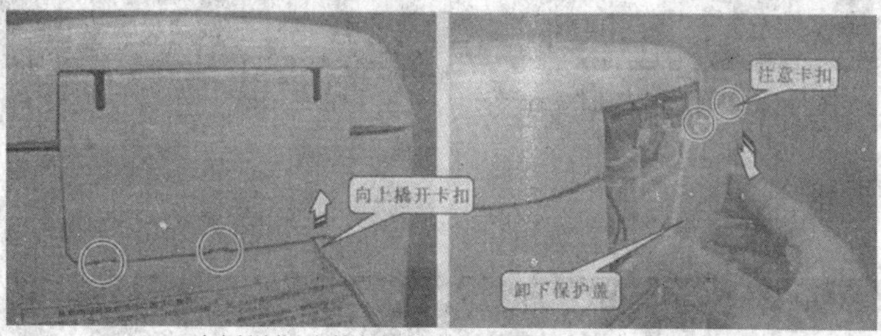

电饭锅背后有个保护盖，撬开并取下保护盖

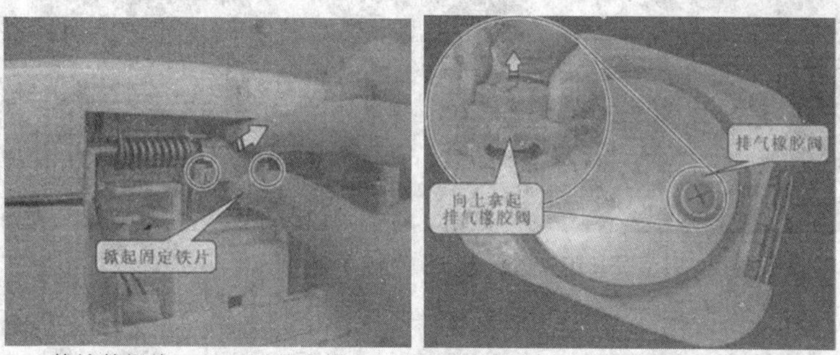

拔掉数据线，取下锅盖弹簧，整个锅盖就与锅体脱离，再取下排气阀

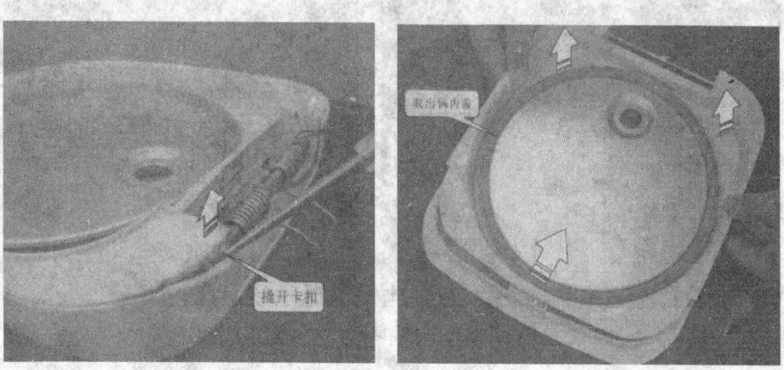

撬开卡扣，可将锅内盖整体取出

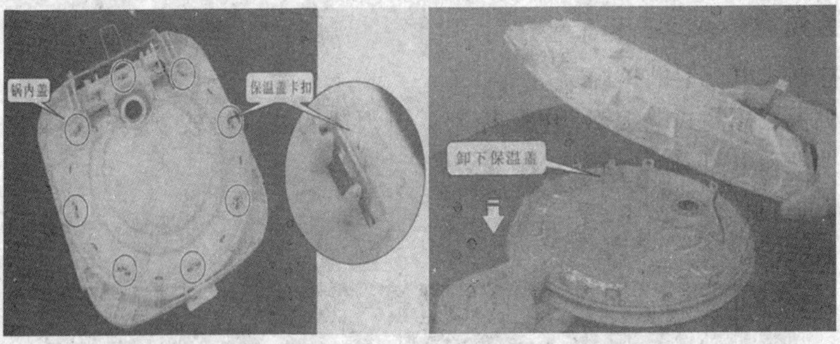

撬开锅内盖保温盖卡扣，可卸下保温盖

(2)底座的拆卸

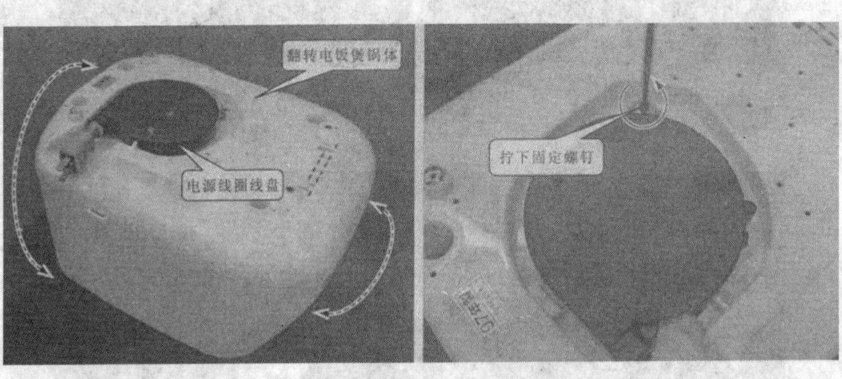

翻转电饭锅，拆掉电源线圈线盘

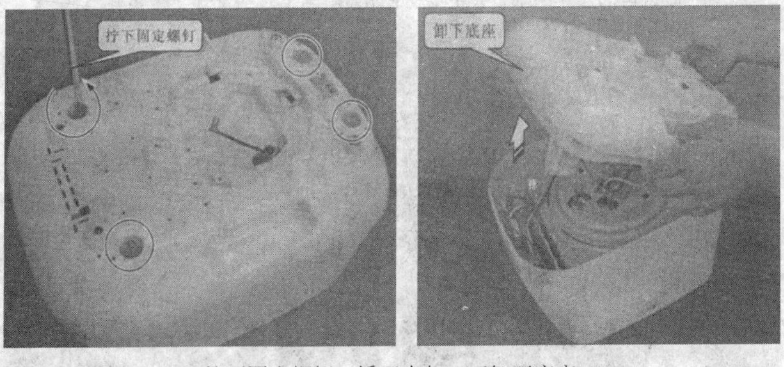

拧下固定螺钉，撬开卡扣，可卸下底座

(3)电路板的拆卸

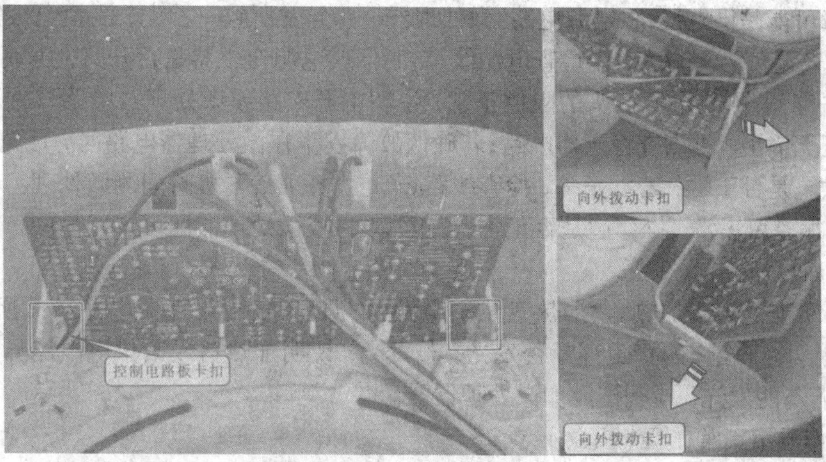

拨动卡扣，向上取出电路板

(4)煮饭装置拆卸

将固定钢板和外锅从锅体外壳取出

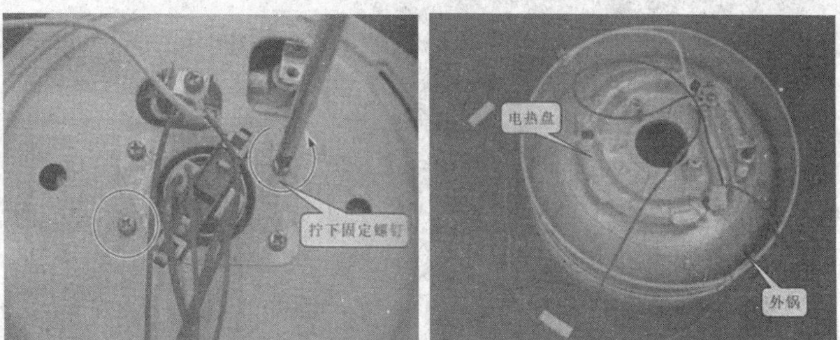

拧下固定螺钉，外锅就与固定钢板分开了。电热盘就铸在外锅底部

2. 电脑控制式电饭锅的组装

电脑控制式电饭锅的组装过程与拆卸步骤相反。

3. 电脑控制式电饭锅的常见故障及检修方法

(1)不加热、指示灯不亮

该故障可能是供电线路、电源电路、微处理器电路异常所致。首先，测量电饭锅电源插头两端阻值，若阻值为无穷大，则检查电源线、熔断器或电源变压器是否开路，压敏电阻和滤波电容是否击穿；若测量电源插头的阻值正常，说明电源电路或微处理器电路异常。电源电路检查有电压无输出，重点查稳压器电路；若确认故障发生在微处理器电路时，首先，要检查微处理器的供电是否正常，若不正常，检查线路；若电源正常，开机瞬间测微处理器有无复位信号输入，晶振是否正常，操作键是否正常；若正常，检查微处理器即可。

(2)不加热、但指示灯亮

该故障可能是由于加热盘、加热盘供电电路、电源电路、微处理器电路异常所致。首先，按开始键时，检查相应的指示灯是否发光，若发光，说明加热盘或其供电电路异常，温度传感器异常；若不能发光，检查按键和微处理器。

(3)操作显示正常，但米饭煮不熟

操作、显示都正常，但米饭煮不熟，说明煮饭时间不足，加热温度过低所致。该故障的主要原因有：温度传感器阻值增大；继电器异常；内锅或加热盘变形。

(4)操作显示正常，但米饭煮糊

操作，显示都正常，但米饭煮糊，说明煮饭时间过长，加热温度过高所致。该故障的主要原因有：继电器异常；温度传感器阻值增大；微处理器异常。

思考题

1. 简述电脑控制式电饭锅的基本结构。
2. 简述电脑控制式电饭锅电路的工作原理。
3. 试分析电脑控制式电饭锅煮烧焦饭的故障原因及排除方法。

项目二　电子消毒柜的维修

一、任务名称

本任务名称是电子消毒柜的维修。电子消毒柜是一种集食具消毒、烘干、保洁、储存于一体的新型厨房电器，广泛应用于家庭、宾馆、饮食行业和医疗卫生等单位。

二、任务描述

1. 电子消毒柜的基本结构

（1）电子消毒柜的种类和特点

电子消毒柜按工作原理可分为：高温型电子消毒柜、低温型电子消毒柜、紫外线消毒柜和同时具有高温和臭氧的双功能电子消毒柜。市场上有多种功能结构的消毒柜，如图 2－1 所示。

高温型电子消毒柜采用远红外线石英电热管高温消毒，升温速度快、杀菌效果好、工作时没有气味产生，并兼有烘箱辅助功能。它适用于消毒金属、陶瓷、玻璃制成的餐具，但不适用于消毒塑料餐具，而且耗电量比较大。低温型电子消毒柜利用电晕放电产生臭氧杀灭病毒和细菌，消毒杀菌效率高、功耗低，适用于任何材料包括塑料制成的餐具。高温臭氧型电子消毒柜则具有前两种特点。此外，紫外线消毒柜是由紫外线发生管产生波长为 253.7 的紫外线，利用紫外线光化学作用对餐具消毒。

常见消毒柜外形

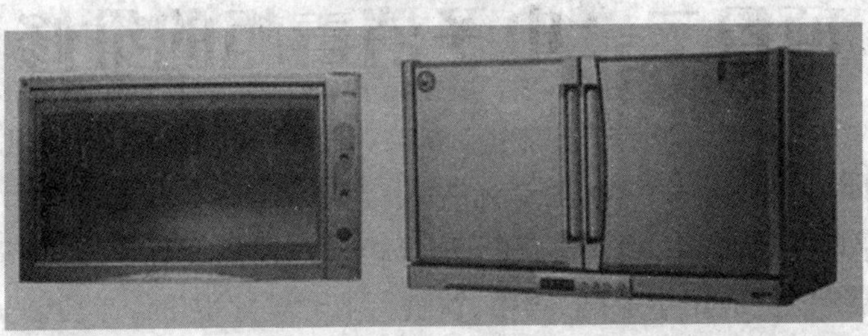

壁挂式

嵌入式

图2－1　消毒柜的类型

2. 电子消毒柜的工作原理

（1）高温型电子消毒柜的基本结构及工作原理

①高温型电子消毒柜的基本结构

高温型电子消毒柜又称远红外线消毒柜，其结构如图2－2所示，主要由箱体、柜门、碗碟架子、红外石英电热管、温控器、电源开关、指示灯等组成。其中，箱体由内壳和外壳构成，之间填充发泡性聚氨作保温隔热用。

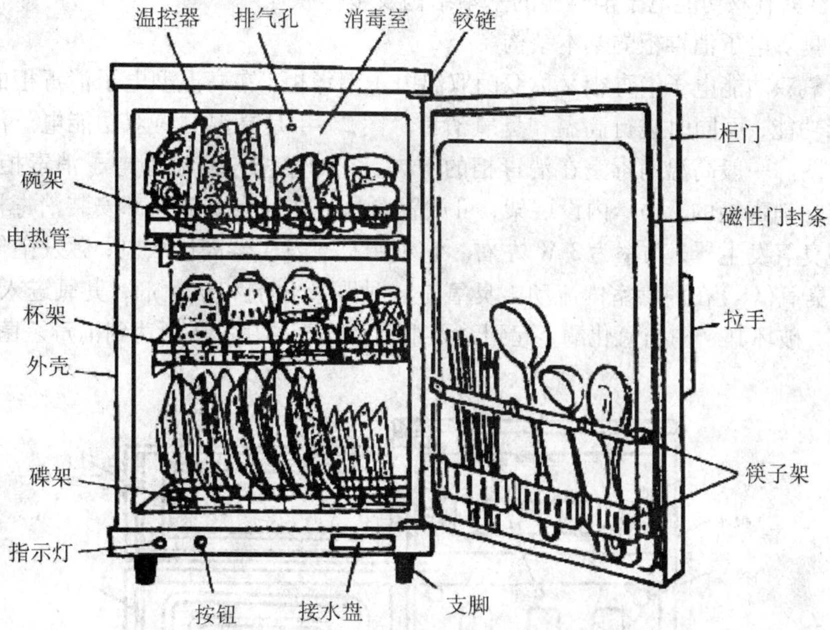

图 2－2　高温型电子消毒柜结构示意图

②高温型电子消毒柜的工作原理

高温型电子消毒柜利用远红外线加热速度快、穿透力强的特点，在密闭消毒室内以 125℃高温对食具杀菌消毒。如图 2－3 所示是高温型电子消毒柜电路原理图。XP 为电源插头。FU 为超温保险，当电路有短路故障或消毒室温升超高时会自动熔断，起保险作用。SB 为按钮开关，ST 为碟型温控器，KA 为交流继电器，KA1 和 KA2 为继电器转换触点，HI 为电源指示灯，EH1 和 EH2 为远红外线石英电热管。将 XP 接通 220V 交流电源，启动按钮开关 SB，电源经 FU 和 ST，线圈 KA 得电动作，KA1 和 KA2 吸合，电源指示灯 HL 亮，电热管 EH1 和 EH2 得电升温。当消毒室的温度达到 125℃时，温控器 ST 的双金属片位移，使动静触点分开，继电器 KA 失电释放，KA1 和 KA2 转换触点复位，电路电源被切断，电源指示灯熄灭，表示消毒完成。如需再消毒，则重新启动按钮 SB。

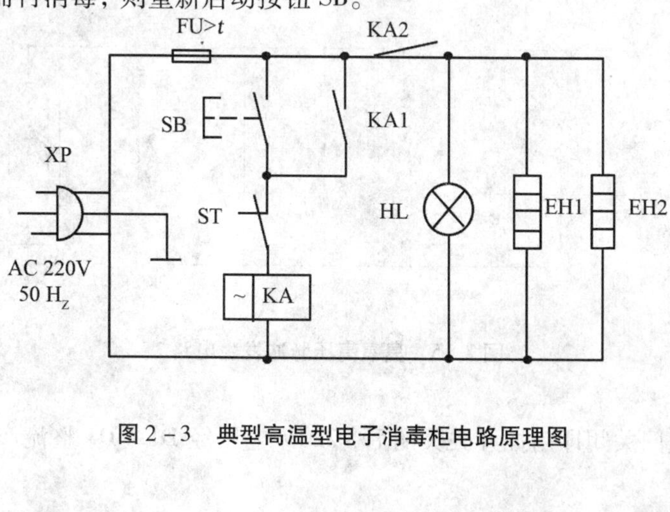

图 2－3　典型高温型电子消毒柜电路原理图

(2)高温臭氧双功能电子消毒柜的基本结构及工作原理

①高温臭氧电子消毒柜的基本结构

高温臭氧双功能电子消毒柜又称双门双温电子消毒柜，在高温型电子消毒柜的基础上增设臭氧消毒功能，可同时进行高温和臭氧消毒。图2－4是高温臭氧双功能电子消毒柜的外形图和结构图。一般高温消毒室在消毒柜的下方，它的结构与高温型电子消毒柜基本相同；臭氧消毒室在消毒柜的上方，内设层架，可放置餐具。在消毒室的顶部安装消毒柜的核心部件——微型臭氧发生器，功率为3 W左右。它利用臭氧发生器高压放电，激发空气中的氧气电离，产生臭氧(O_3)在消毒室内流动。臭氧是一种强氧化剂和杀菌剂，臭氧进入细菌、病毒的细胞内部，破坏其结构与氧化酶，起到杀灭细菌和病毒作用，从而达到消毒杀菌的目的。

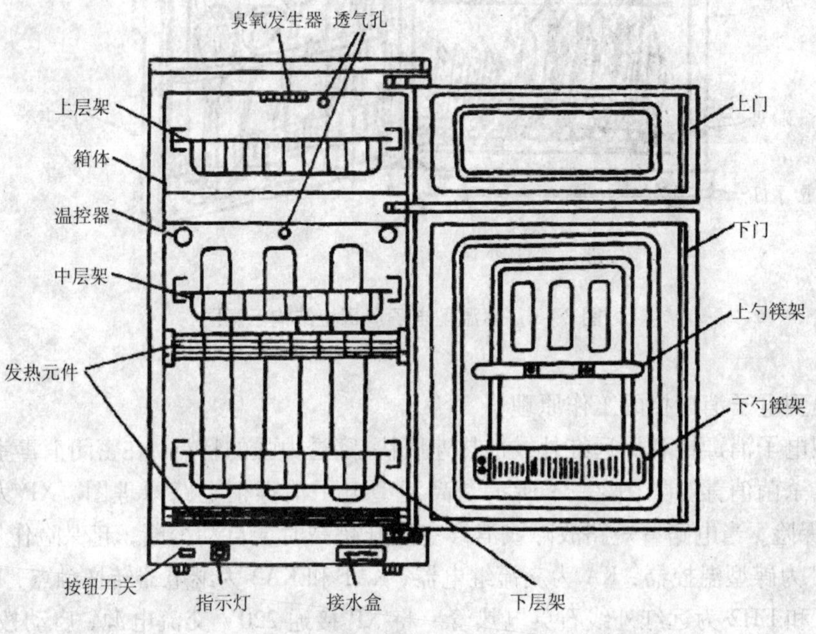

图2－4　高温臭氧双功能电子消毒柜结构示意图

②高温臭氧双功能电子消毒柜的工作原理

高温消毒相关电路原理与上一节内容类似，这里不再赘述。如图2－5所示，是某型号高温臭氧双功能电子消毒柜臭氧高压脉冲发生电路，该电路给臭氧管供电，使之产生臭氧消毒。

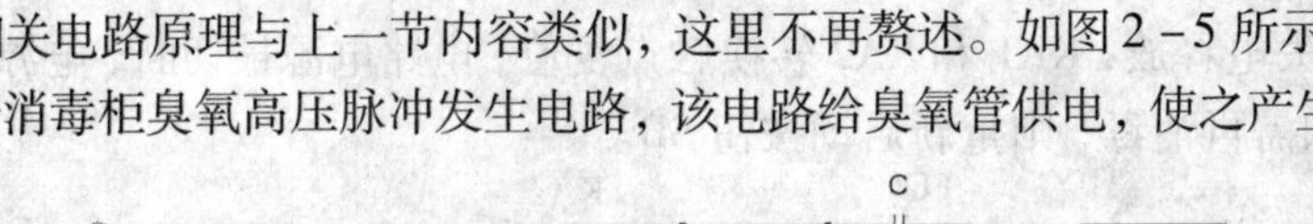

图2－5　臭氧高压脉冲发生电路

当臭氧消毒室门关闭即门控开关关闭后，220V电压经D1－D4整流产生约15V左右脉动直流电压。该电压在单向晶闸管 Tl 截止期间通过升压变压器 B2 的初级绕组、升压电容 C 构成的回路给 C 充电，充电电流还使 B2 的初级绕组产生上正、下负的电动势，此时 B2 的次级绕组相应产生上正、下负的电动势。C 充电结束后，通过 R1 为 Tl 的 G 极提供触发电压，使 Tl 导通。Tl 导通后，C 存储的电压通过 Tl 放电，使 B2 的初级产生下正、上负的电动势，于是 B2 的次级绕组产生下正、上负的电动势。当交流电过零时 Tl 截止，C 再次被充电。这样，C 通过不断地充电、放电，就可以使 B2 的次级绕组感应输出 1.6KV 左右的脉冲电压。该电压为臭氧管 Q 供电后，利用臭氧在空气中拉弧放电，电离空气中的氧分子，使之成为臭氧进行消毒，同时伴有“沙沙”的放电声。

三、任务完成

1. 电子消毒柜的拆卸

图 2－6 演示电子消毒柜的拆卸步骤。

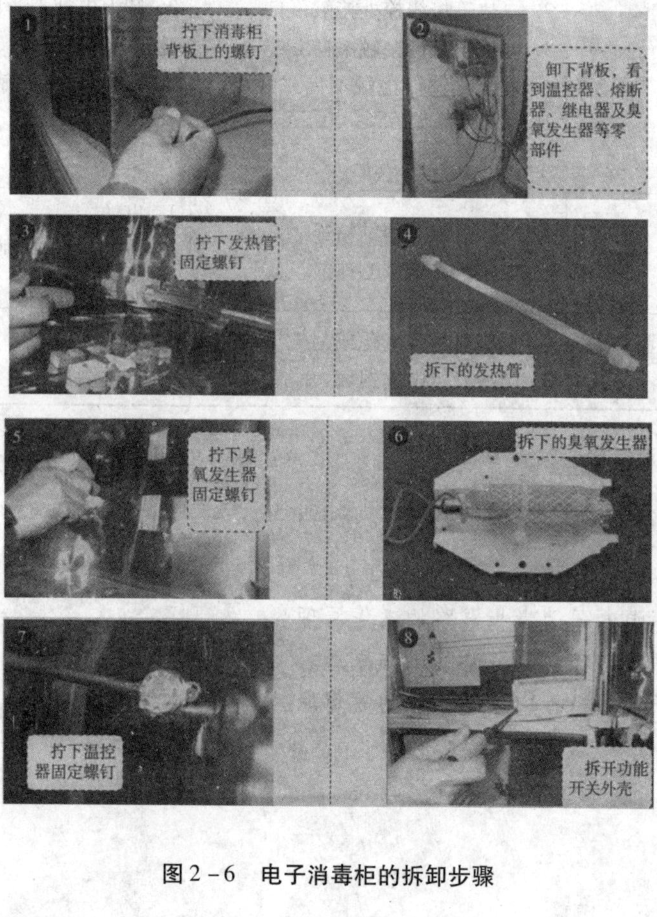

图 2－6 电子消毒柜的拆卸步骤

2. 电子消毒柜的组装

电子消毒柜的组装与拆卸步骤相反。

3. 电子消毒柜的常见故障及检修方法

电子消毒柜一般出现的故障有通电后不能消毒、只能高温消毒、只能低温消毒、高温消毒温度偏低等。不管是哪种故障，按照一定的方法检查，就能排除故障点。表 2 所列是消毒柜常见故障及排除方法。

表 2

故障现象	主要原因	解决方法
不能消毒，电源指示灯亮	1. 125℃限温器损坏 2. 继电器损坏	1. 更换同规格限温器 2. 更换继电器
不能消毒，电源指示灯不亮	1. 电源开关坏 2. 熔断器老化损坏 3. 短路故障烧断熔断器	1. 更换电源开关 2. 更换同规格熔断器 3. 查出短路电路或元件，修复或更换
柜内温度不够	1. 远红外管烧坏 2. 电热管接线栓处接触不良 3. 温控器触点接触不良 4. 继电器触点接触不良或线圈烧坏	1. 用万用表测量电热管，阻值无穷大，说明电热管开路，应更换 2. 卸下电热管，用细砂纸打磨氧化层 3. 用细砂纸打磨触点氧化层，或更换 4. 更换
柜内温度过高	1. 温控器触点熔结粘连 2. 电器触点熔结粘连	1. 更换 2. 使熔结粘连处脱离，用细砂纸打磨干净。或更换
无臭氧产生	1. 臭氧发生器老化或漏气 2. 脉冲发生电路损坏	1. 更换 2. 检测脉冲发生电路各元器件

思考题

1. 电子消毒柜有哪些种类？各有何特点？
2. 简述典型高温电子消毒柜电路的工作原理。
3. 简述臭氧高压脉冲发生电路的工作原理。
4. 试分析电子消毒柜柜内温度不够的故障原因及排除方法。

项目三 洗衣机的维修

洗衣机是一种通过电动机将电能转变成机械能，并依靠机械能做功进行衣物洗涤的机电一体化产品。目前市场上洗衣机种类繁多，本章节仅重点介绍波轮式洗衣机和滚筒式洗衣机的结构原理和维修方法。

任务1 波轮式洗衣机的维修

一、任务名称

本任务名称是波轮式洗衣机的维修。波轮式洗衣机全称为全自动波轮式洗衣机，它又称为涡旋式洗衣机，是由电动机通过传动机构带动波轮做正向和反向(或单向连续转动)运转，利用水流与洗涤物的摩擦和冲刷作用进行洗涤。

二、任务描述

1. 波轮式洗衣机的基本结构

不同品牌、不同型号的波轮式洗衣机基本上都是由盛水桶、洗衣桶、波轮、吊杆、注水(进水)电磁阀、排水电磁阀、电动机、减速离合器、箱体、箱盖及控制系统等组成，如图3－1－1所示。

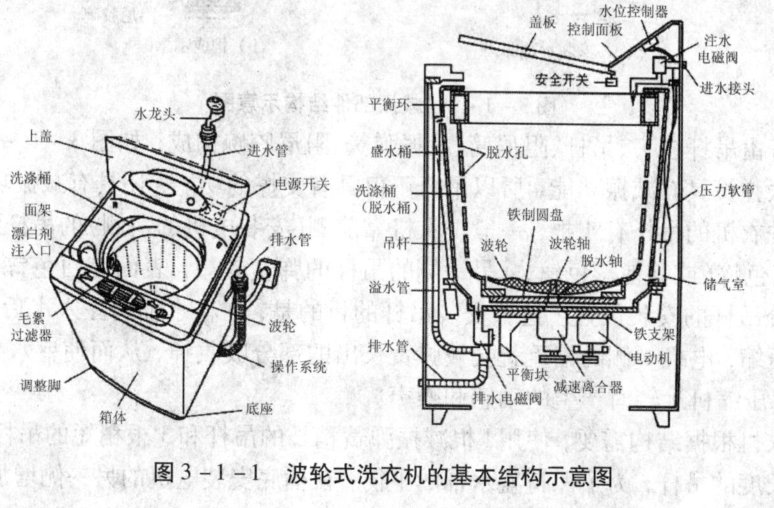

图3－1－1 波轮式洗衣机的基本结构示意图

为了更好地认识波轮式洗衣机的结构特点，我们将上图分几个系统结构说明。

(1)支撑系统

波轮式洗衣机的支撑系统由箱体、控制盘座、减振部件(吊杆)等组成。

① 箱体

波轮式洗衣机的箱体按结构可分为一体式和分体式两种；按材质可分为全塑箱体、铝合金箱体、渗锌钢板箱体、PCM 印刷钢板(彩板)箱体等。无论哪种箱体，它的上部的四个角处都焊接或铆接了加强铁，以便挂接减振部件和内、外桶。

② 控制盘座

波轮式洗衣机的控制盘座不仅用来固定、安装电气控制器件，如程控器或电脑板、水位开关、安全开关、进水电磁阀、电源开关、弹簧管等，而且还安装了向桶内注水的注水口，保健型洗衣机还安装了消毒器件，有的变频洗衣机还将驱动器安装在控制盘座上。控制盘座的顶部装有一体结构或分体折叠结构的上盖。控制盘座与上盖通常采用铰链的连接方式，用上盖插销和挡圈定位，并在上盖后端安装了突跳弹簧，使上盖打开或关闭时能定位良好不松动。

③ 减振部件

波轮式洗衣机的盛水桶、洗涤桶通过 4 根减振部件(吊杆)悬挂在箱体上端口的 4 个角撑上，如图 3－1－2 所示。

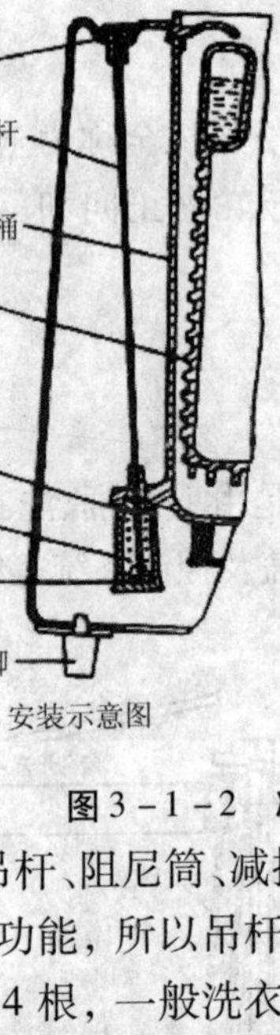

(a) 安装示意图

(b) 构成示意图

图 3－1－2　减振部件结构示意图

其中吊杆由吊杆挂头、吊杆、阻尼筒、减振弹簧、阻尼胶碗构成，如图 3－1－2 所示。由于阻尼筒和减振弹簧具有减振功能，所以吊杆不仅具有支撑的功能，还具有减振功能。

波轮式洗衣机的吊杆有 4 根，一般洗衣机靠前侧(安装电机的一侧)的吊杆的减振弹簧稍长，表面镀黄色锌(或其他彩色锌)，另一侧的吊杆的弹簧较短，表面镀白色锌，这样通过颜色就可以区分吊杆的安装位置。这样安装吊杆的目的是，在盛水桶内注入水后下沉，吊杆的弹簧就会被压缩，电机一侧的偏重就会被弹簧长出的部分吸收掉，从而使盛水桶的重心补偿平衡，降低了压缩机运转时产生的动感和噪声。

部分洗衣机根据结构需要，使用1 根减振弹簧稍长的吊杆和 3 根稍短的吊杆；部分洗衣机则采用相同长度的吊杆，为了保持盛水桶的平衡，在桶底安装电机的另一侧增加配重块。

吊杆异常会导致盛水桶和洗涤桶倾斜，产生噪声大，甚至不能运转的情况。

(2)洗涤和脱水系统

该系统主要由波轮、洗衣桶、电动机、离合器、带轮和传动带构成。波轮式洗衣机的洗涤和脱水系统位于洗衣机中部，洗衣桶垂直放置，电动机和离合器位于洗衣桶下方。

① 波轮

波轮是波轮式洗衣机中特有的装置，它通过螺钉固定在离合器波轮轴上，通过离合器、电动机带动其作间歇正、反转，使水流呈多方向流动。如图 3－1－3 所示。

图 3－1－3　波轮外形

② 洗衣桶

目前，市场上的波轮式洗衣机多采用套桶形式，洗衣桶主要由内桶(脱水桶)和外桶(盛水桶)两部分构成。如图 3－1－4 所示。

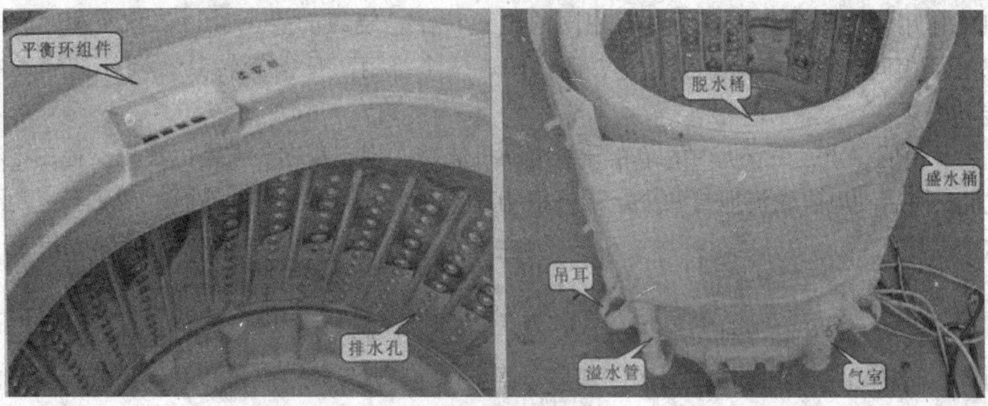

图 3－1－4　洗衣桶结构

波轮式洗衣机的内桶又称为脱水桶，通过法兰固定在离合器波轮轴上，它的内壁设有洗涤凸筋和凹槽，凹槽上有许多小孔，以便在脱水时将洗涤物的水排出桶外。

外桶又称为盛水桶，它套在内桶外面，起到盛水作用。其底部带有气室和溢水管，并且四周安装有吊耳，通过吊杆安装在箱体上。

③ 电动机

波轮式洗衣机的电动机大多数采用电容启动运转式异步电动机，个别采用交流变频电机和直流变频电机。如图 3－1－5 所示。

图 3-1-5　洗衣机电动机

洗衣机中的单相异步电动机能够实现正反向频繁转换，是因为它有两个定子绕组。这两个定子绕组无主副之分，若其中一个绕组在做正向旋转时，该绕组为主绕组，待反向旋转时，就变成了副绕组。也就是说，这两个绕组在正反向旋转中交替地起到了主绕组和副绕组的作用，这两个绕组必须具有相同的电磁特性。绕组的线径、匝数、极距和节距等参数都必须相同，直流电阻值也相等，也就使这两个绕组正反向旋转具有同样的启动特性和转动力矩。

另外说明一点，洗衣机中的单相异步电动机能够实现正反向转，是由程控器控制电机运转电路，使启动电容轮流地与两个定子绕组相连，改变了电流相序，从而实现正转、停止、反转这个循环。

④ 离合器

波轮式洗衣机中盛水桶与脱水桶是套在一起的，在洗涤中波轮转动而脱水桶不动，脱水时两者一起转动，完成此功能的部件是离合器。目前，波轮式洗衣机多采用具有减速功能的减速离合器，它是由波轮轴、脱水轴、密封圈、轴承、脱水轴、棘爪、外轴、离合套、棘轮、抱簧、刹车带、扭簧、传动带盘、拨叉、行星减速器、外壳等构成，如图 3-1-6 所示。

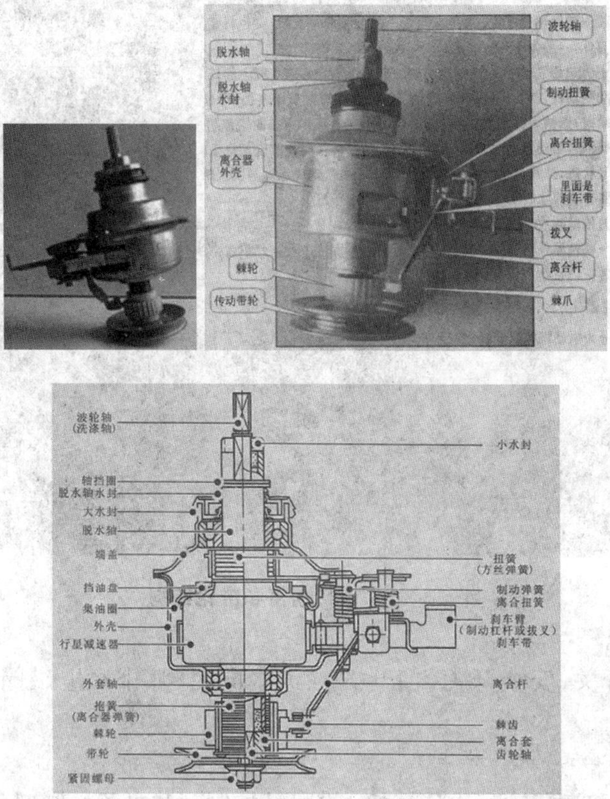

图 3－1－6　离合器外形和结构示意图

洗衣机处于洗涤状态时，排水电磁阀断电关闭，使衔铁释放而使离合器的拨叉复位，固定在拨叉下端的棘爪将棘轮转过一个角度，而抱簧下端因嵌在棘轮内壁的小孔而被拨松，与离合套脱离，同时使脱水轴被扭簧与刹车带制动。当洗涤主动轴顺时针运转，主轴上端的恒星齿轮随之运转，带动行星齿轮逆时针自转，同时行星齿轮又通过内齿轮导向绕恒星齿作顺时针公转，从而带动传动架和洗涤被动轴作顺时针旋转，这样，通过齿轮 5∶1 减速后，最终使波轮轴作顺时针低速旋转。若电动机带动齿轮轴逆时针旋转时，通过齿轮减速后，最终会使波轮轴逆时针低速旋转。

洗衣机处于脱水状态时，排水电磁阀通电排水，使衔铁吸合而使离合器的拨叉动作，固定在拨叉下端的棘爪脱离棘轮，当洗涤主动轴顺时针运转，使抱簧旋紧，致使脱水轴与离合器啮合。此时，由于内齿轮随脱水轴高速运转，所以行星齿轮绕恒星齿轮公转的转速与恒星齿轮、内齿轮的转速是相同的，也就是脱水轴跟随洗涤主动轴高速运转，实现衣物的快速脱水。

⑤ 传动带和带轮

波轮式洗衣机中的离合器的转动力来自电动机，两者之间的转动力的传递则是依靠传动带实现的。传动带分别连接着电机和离合器的传动带轮，实现力矩的传递。如图 3－1－7 所示。

图 3 – 1 – 7　传动带和带轮结构

(3)进/排水系统

该系统由水位开关、安全开关(门开关)、进水电磁阀、排水电磁阀及它们的供电电路组成。

① 水位开关

它的功能是自动检测盛水桶水位高低，有机械控制型和电子控制型两种。

· 机械控制型水位开关结构如图 3 – 1 – 8 所示。

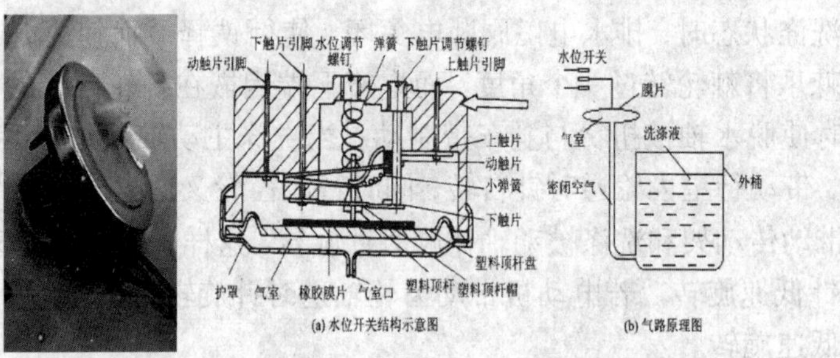

图 3 – 1 – 8　机械控制型水位开关外形和结构示意图

机械控制型水位开关的原理是：它通过一根水管接到洗涤桶底部，当洗涤桶的水位上升时，管内的空气被压缩，气室气压增高，使水位开关中的橡胶膜片胀起，推动顶杆运动，待水上升到预定水位时，常闭触点断开，从而使进水电磁阀断电，停止供水。同时使常开触点闭合，从而程控器通电运行，洗衣机进入洗涤阶段。排水时，洗涤桶的水位下降，水位开关气室气压减少，到一定程度橡胶膜片复位，电气触点也随之复位。

· 电子控制水位开关结构如图 3 – 1 – 9 所示。

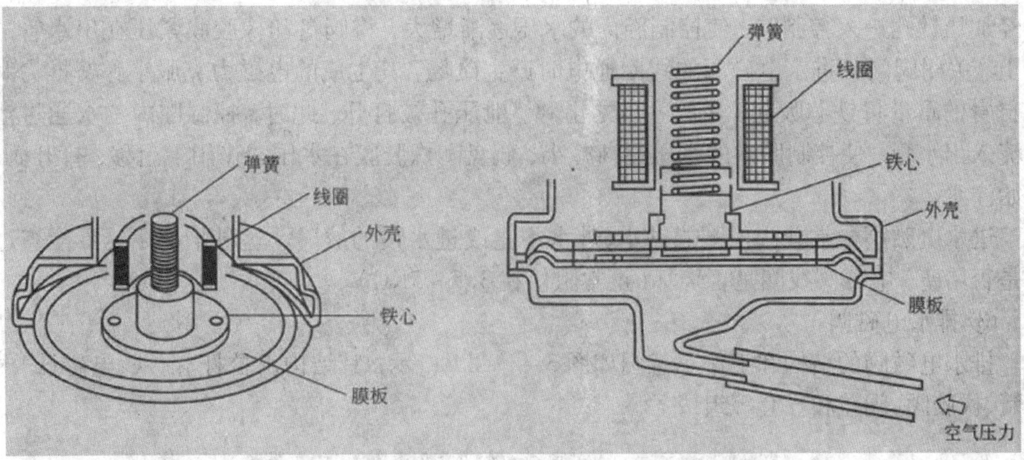

图 3－1－9　电子控制水位开关结构示意图

电子控制水位开关也称为电子水位传感器，它由模板、铁芯、线圈、弹簧、外壳等组成。

其工作原理与机械水位传感器的工作原理基本相同，不同之处是，它不是靠触点通断来传递水位是否到位的信息，而是通过空气压力推动铁心在线圈内移动，使铁心与线圈产生的振荡频率发生变化，这个变化的振荡频率被微处理器识别后，就可以确认水位的高低，不仅可实现进水、排水功能的控制，而且还可以实现进水超时、排水超时和溢水故障的检测。

当电子水位传感器异常后通常会产生不进水或进水后不工作，显示屏显示故障代码的故障。判断是电子水位传感器异常时，可在注水的同时测水位传感器输出端子上的振荡频率信号，若频率信号变化正常，则说明传感器正常，否则说明传感器异常，需要维修或更换。

② 进水电磁阀

进水电磁阀作用是为洗衣机注水，其结构如图 3－1－10 所示，由线圈、活动铁芯、橡皮阀、壳体、过滤网、入水口接头和出水口接头等组成。

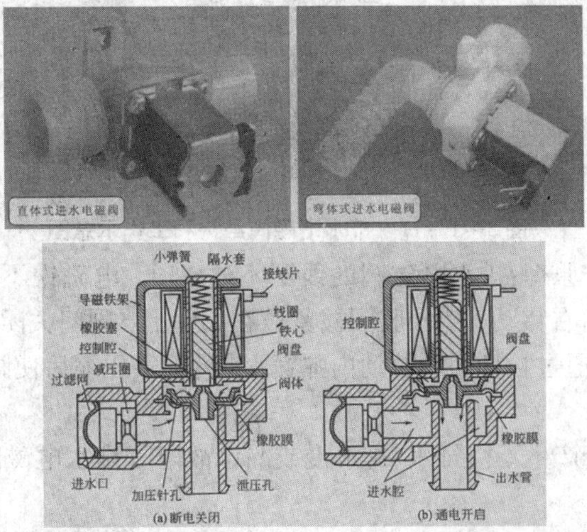

图 3－1－10　进水电磁阀外形和结构示意图

进水电磁阀工作原理：进水电磁阀的线圈不通电时，电磁铁不能产生磁场，于是铁芯在小弹簧推力和自身重量的作用下下压，使橡胶塞堵住泄压孔，此时，从进水孔流入的自来水再经加压针孔进入控制腔，使控制腔内的水压逐渐增大，将阀盘和橡胶膜紧压在出水管的管口上，关闭阀门。进水电磁阀的线圈通电时产生磁场，其生成的电磁力克服小弹簧推力和铁芯自身的重量将铁芯吸起，橡胶塞随之上移，泄压孔被打开，此时，控制腔内的水通过泄压孔流入出水管，使控制腔内的水压逐渐减小，阀盘和橡胶膜在水压的作用下上移，打开阀门，开始注水。

进水电磁阀异常会产生不能进水、进水不止或进水慢的故障。这种情况下，要检查过滤网是否堵塞，电磁阀线圈是否烧坏(正常阻值在3.5～5KΩ)。

③ 排水电磁阀

排水电磁阀的结构和工作示意图如图3－1－11所示，其结构由拉杆、衔铁、电磁铁、内外弹簧、橡胶阀、阀盖和导套等组成。

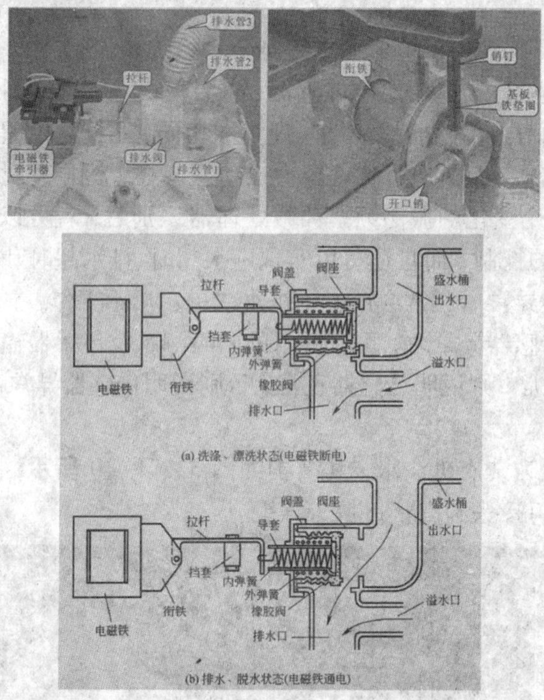

图3－1－11　排水电磁阀结构和工作示意图

排水电磁阀的工作原理:排水电磁阀的线圈不通电时，电磁铁不能产生磁场，衔铁在导套内的外弹簧推力下向右移动，使橡胶阀被紧压在阀座上，阀门关闭。线圈通电时产生电磁吸力，吸引衔铁左移，通过拉杆向左拉动内弹簧，将外弹簧压缩后使阀盖左移，打开阀门，开始排水。

排水电磁阀异常会产生不能排水、排水慢或漏水故障。排水电磁阀的检测与进水电磁阀相同。

④ 安全开关

安全开关也叫盖开关，如图3－1－12所示。它的功能就是需要脱水时，只有桶盖盖严后，该开关接通，电动机才能运转;在脱水期间打开桶盖时，该开关断开，电动机停转，实现安全保护目的。

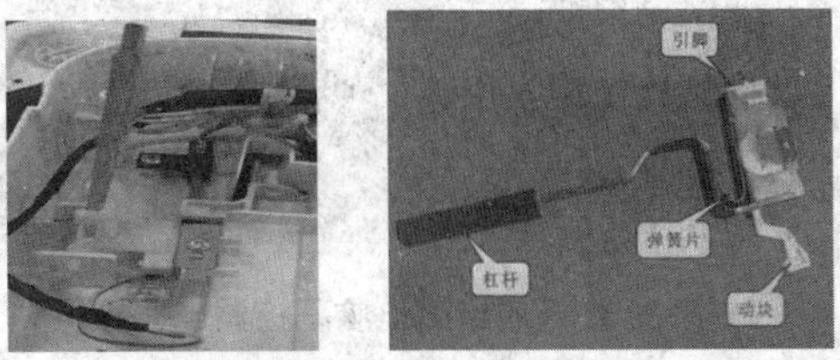

图3－1－12　安全开关结构示意图

(4)程序控制器

程序控制器简称程控器，它是全自动洗衣机的“大脑”，由它自动完成进水、洗涤、漂洗、脱水、排水等功能的控制。

程控器分为电动式程控器和电脑式程控器。

① 电动式程控器

早期许多的全自动波轮洗衣机使用电动式程控器，它的基本结构与发条定时器相似，只是不采用发条而是用微电机作为动力源。如图3－1－13所示。

国产的电动式程控器多由一只5V的16级低速同步电动机作为动力源，驱动齿轮减速机构和凸轮机构工作，控制不同的触点，吸合或断开，能控制洗衣机电机的正转、停止、反转的周期运转，实现进水、洗涤、漂洗、脱水、排水等功能的控制。

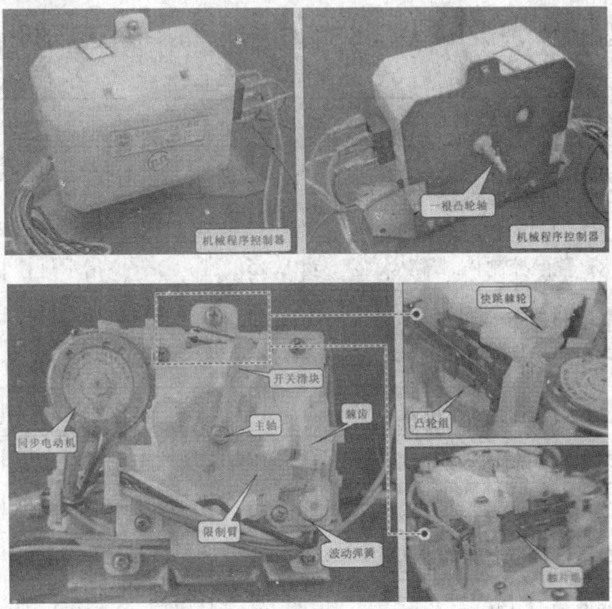

图3－1－13　电动式程控器外形和结构示意图

② 电脑式程控器

目前，市场上全自动洗衣机大多采用电脑式程控器，它由微处理器(CPU)、输入和输出电路组成。定时功能、洗衣程序固化于微处理器中，利用微处理器进行存储程序控制。

如图3－1－14所示，电脑式程控器是由微处理器和外围元件组成，并采用了防水措施，即电路板和主要元器件密封在防水橡胶之中。

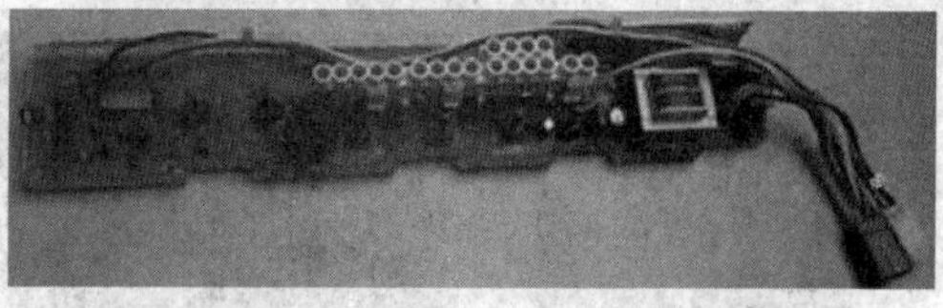

图 3 - 1 - 14 电脑程控器电路板

2. 波轮式洗衣机的工作原理

鉴于目前市场上的波轮式洗衣机大多采用电脑程控器控制，因此本章节以某品牌波轮全自动电脑控制型洗衣机电路为例进行分析，说明波轮式洗衣机电路的工作原理，该电路是由电源电路、微处理器电路、进、排水电路、洗涤电路等构成，如图 3 - 1 - 15 所示。

(1)电源电路

接通电源后，交流电压通过 Cl 滤波后，不仅为双向晶闸管供电，而且加到变压器 BT 的初级绕组上，从它的次级绕组输出降压后的交流电压，再经 Vl - V4 全桥整流，C2 滤波后产生的直流电压不仅通过 C 点为蜂鸣器供电，而且通过调整管 V301、限流电阻 Rl、稳压管 VDZ1 组成的稳压器输出 5.6V 电压。该电压一路为欠压保护电路供电；另一路通过 V6 降压产生 5V 电压。5V 电压经 C4 滤波后为微处理器、同步控制电路、指示灯等供电。

供电输入回路的 RV 是压敏电阻，它的作用是防止输入电压过高损坏变压器 BT 等器件。供电电压升高时，RV 击穿，使用户家的空气开关跳闸，实现市电过压保护。

(2)微处理器电路

微处理器电路是由微处理器 DJ2001 (IC)为核心构成的，DJ2001 的引脚功能如表 1 所示。

表 1

引脚	功能	引脚	功能
1	桶盖检测信号输入	13	欠压保护信号输入
2	水位检测信号输入	14	指示灯控制信号输出
3	启动/暂停控制信号输入	15	指示灯控制信号输出
4	程序选择控制信号输入	16	指示灯控制信号输出
5	周期选择控制信号输入	17	市电过零检测信号输入
6	水流选择控制信号输入	18	电动机正转供电控制信号输出
7	指示灯控制信号输出	19	电动机反转供电控制信号输出
8	指示灯控制信号输出	20	排水电磁阀供电控制信号输出
9	指示灯控制信号输出	21	进水电磁阀供电控制信号输出
10	振荡器外接晶振	22	指示灯控制信号输出
11	振荡器外接晶振	23	蜂鸣器驱动信号输出
12	5V 供电	24	接地

电路工作的基本条件：

①5V 供电

接通电源开关，待电源电路工作后，由 V301 输出的 5.6V 电压经 V6 隔离降压，得到的

5V 电压再经 C4 滤波后，加到微处理器 IC 的供电端 12 脚，为它供电。

②复位

开机瞬间，微处理器 IC 内部的复位电路为它内部的存储器、寄存器等电路提供复位信号，使它们清零复位后开始工作。

③时钟振荡

微处理器 IC 得到供电后，它内部的振荡器与 10、11 脚外接的晶振 Z 和移相电容 C11、C12 通过振荡产生 500kHz 时钟信号。该信号经分频后协调各部位的工作，并作为微处理器输出各种控制信号的基准脉冲源。Z 两端并联的 R60 起阻尼的作用。

操作电路

操作电路由微处理器 IC、操作键 SW1 ~ SW 构成。其中，SW1 是暂停键，按压该键可使洗衣机工作，也可以使洗衣机暂停工作。SW2 是程序键，依次按压该键可以选择“洗涤”、“漂洗”和“脱水”等工作方式。SW3 是周期选择键，按该键时可设置标准洗涤、节能洗涤方式。SW4 是水流选择键，按该键可选择标准洗涤、轻柔洗涤方式。

显示电路

显示电路由微处理器 IC、发光二扳管 V15 ~ V21 为核心构成。它们的正极通过限流电阻 R42 ~ R46 接 5V 供电，它们的负极分别接在 IC 的 14 ~ 16、8 ~ 10、22 脚。如果不需要指示灯发光时，IC 的指示灯控制端子的电位为高电平，指示灯无导通电流而不能发光。如果需要指示灯发光时，IC 的指示灯控制端子电位变为低电平，该发光管就可以发光。

蜂鸣器电路

蜂鸣器电路由微处理器 IC 和蜂鸣器及其驱动电路构成。当程序结束或需要报警时，IC 的 23 脚输出的蜂鸣器驱动信号，该信号经 R47 限流，再经 V309、V308 放大，就可以驱动蜂鸣器鸣叫。

(3)欠压保护电路

该机为了保证电动机等器件正常工作，设置了由 V302、V303、V305、VD22 等元件构成的欠压保护电路。

当供电压超过 187V 时，电源电路在 C2 两端产生的未稳压电压较高，经可调电阻 R3 和 R22 产生的取样电压也高，使 V302 的 b 极输入的电压高于它 e 极的基准电压 0.6V，V302 导通，进而通过 R6 使 V303 导通。V303 导通后，它 c 极输出的电压一路通过 Rl0、Rll 分压限流后使 V305 导通，它 c 极输出的电压不仅为微处理器 lC 的 13 脚提供低电平检测信号，而且通过 R8、R9 分压限流后使 V304 导通，将放大管 V308、V310 ~ V313 的 e 极接地，使它们可以工作。若供电压低于 187V 时，V302 因 b 极电位低于 e 极的基准电压而截止，使 V305 截止，不仅使放大器 V308、V310 ~ V313 不能工作，而且为 IC 的 13 脚提供高电平检测信号，lC 识别出供电压不足后控制该机停止工作，并控制蜂鸣器鸣叫报警。

(4)同步控制电路

为了避免双向晶闸管 VQ1 ~ VQ4 在导通瞬间过流损坏，该机设置了由电源变压器 BT 和 V306、VD13 等元件组成的同步控制电路。

电源变压器 BT 次级绕组输出的交流电压通过 R14、R15 分压限流，再经 V306 倒相放大产生 50Hz 的交流检测信号，即同步控制信号。该信号作为基准信号通过 D 点加到微处理器 lC 的 17 脚。IC 对 17 脚输入的信号检测后，输出双向晶闸管驱动信号时确保它在市电的过零点处导通，从而避免了双向晶闸管在导通瞬间过流损坏，实现同步控制。

(5)进水电路

进水电路由启动/暂停键SW1、水位开关SW6、微处理器IC、进水电磁阀、双向晶闸管VQ1及其驱动电路构成。

微处理器IC工作后，按下SW1键，若盛水桶内无水或水位太低，被水位开关SW6检测后，它的触点不能吸合，使IC2脚输入的检测信号为低电平，IC根据该电压识别出桶内无水或水位太低，控制它的21脚输出过零触发信号。该触发信号经R23限流，再经V313倒相放大，通过R29使双向晶闸管VQ1导通，为进水电磁阀的线圈供电，进水电磁阀动作，将它的阀芯打开，为盛水桶注水，使水位逐渐升高。当水位达到设置值后，SW6的触点吸合，为IC的2脚提供水到位的检测信号，使IC的21脚停止输出触发信号，VQ1关断，进水电磁阀复位，它的阀门关闭，注水结束。

(6) 洗涤电路

洗涤电路由微处理器IC、电动机、双向晶闸管VQ3/VQ4及其驱动电路构成。

当微处理器IC的2脚输入了水到位的检测信号后，IC自动控制该机进入洗涤状态，从18、19脚交替输出过零触发信号。19脚输出低电平信号期间，V311截止，双向晶闸管VQ3关断;18脚输出过零触发信号经R21限流，再经V310放大，使双向晶闸管VQ4导通，为电动机的绕组供电，电动机在运转电容的配合下开始正向运转。当CPU的18脚输出低电平信号时，V310截止，VQ4截止，而19脚输出的过零触发信号经R20限流，再经V311放大，使VQ3导通，电动机在运转电容的配舍下逆向运转。当18、19脚都输出低电平信号时，电机停转。这样，电动机在IC的控制下，按正转、停转、反转、停转的模式周而复始工作，从而完成衣物的洗涤。

(7)排水电路

排水电路由微处理器IC、排水电磁阀、水位开关SW6、双向晶闸管VQ2、整流管V22～V25、驱动管V312等构成。

洗涤结束后，微处理器IC根据固化的程序控制该机进入排水状态，它的20脚输出的过零驱动信号通过限流电阻R22、发光二极管V14、限流电阻R25加到V312的b极，经它倒相放大，从它的c极输出放大后的触发脉冲，再通过R28触发双向晶闸管VQ2导通。VQ2导通后，市电电压通过VQ2输出给V22～V25进行整流，产生的脉动的直流电压为排水电磁阀的线圈供电，该线圈产生的磁场不仅将排水电磁阀的阀芯打开，进行排水，而且将离合器组件转换为脱水状态，开始排水。排水进行到一半时，水位开关SW6的触点断开，使IC的2脚无扫描脉冲输入，IC判断排水正常，继续排水。如果IC的2脚在设置时间仍有扫描脉冲输入，则IC会判断排水不良，使该机进入保护状态，并控制蜂鸣器鸣叫，提醒用户洗衣机出现排水故障。

(8)脱水电路

当排水结束后，进入脱水状态。脱水期间，微处理器IC的20脚仍输出的过零驱动信号，使排水阀继续排水，同时控制19脚间歇输出触发信号，使VQ3导通，使电动机间歇逆时针运转，电动机处于间歇脱水状态。当设置的间歇脱水时间结束后，IC的19脚输出连续的过零触发信号，使VQ3始终导通，电动机开始高速运转，实现快速脱水。

脱水期间若打开桶盖，安全开关(盖开关)SW5的触点断开，使微处理器IC的1脚在脱水期间无扫描信号输入，IC 会判断桶盖被打开，切断 19、20 脚输出的触发信号，不仅使电动机停转，而且使排水电磁阀复位，控制离合器刹车，实现开盖保护。另外，若脱水期间振动过大，引起 SW5 动作时，该保护电路也会动作。

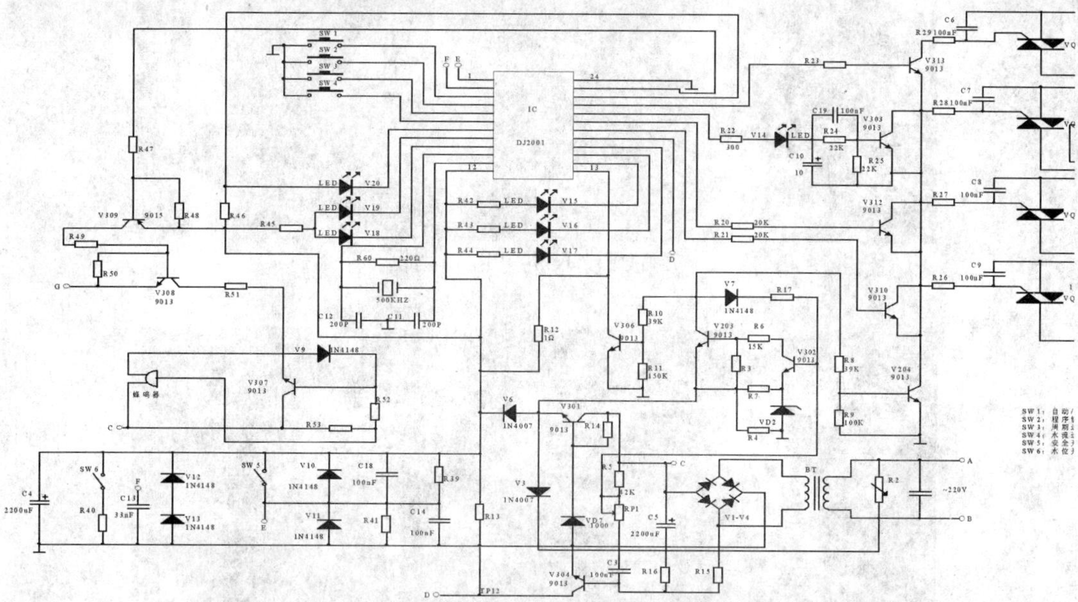

图 3－1－15　波轮式全自动电脑控制型洗衣机电路图

三、任务完成

1. 波轮式衣机的拆卸

洗衣机发生故障，需要进行修理，首先应先对其进行拆卸，找到故障器件后进行检修或更换。本章节以图示法介绍波轮式洗衣机拆卸过程。

(1)洗衣机围框的拆卸

洗衣机围框的内部安装有进水电磁阀、水位开关、安全开关、操作显示面板(电脑式程控器)以及相关连接的数据线缆。拆卸步骤如下图所示。

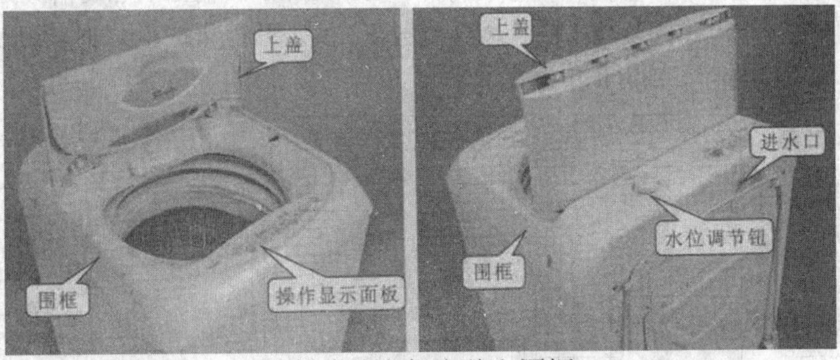

波轮式洗衣机上盖和围框

取下围框背面螺钉，还有前面两侧用塑料帽覆盖的两颗螺钉

取下软水管可将围框完全掀起，可看到内部相关器件

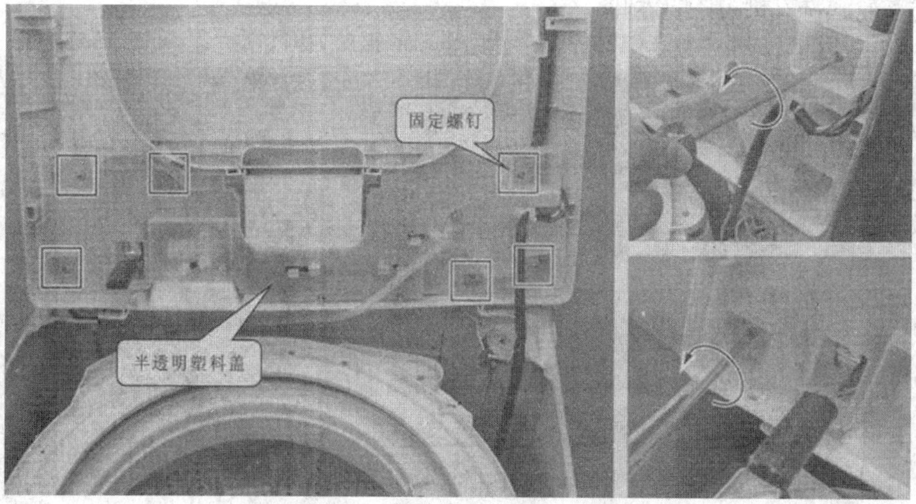

取掉透明塑料盖的螺钉，就可检测进水电磁阀、水位开关、安全开关

操作显示面板（电脑式程控器）在围框前半部分

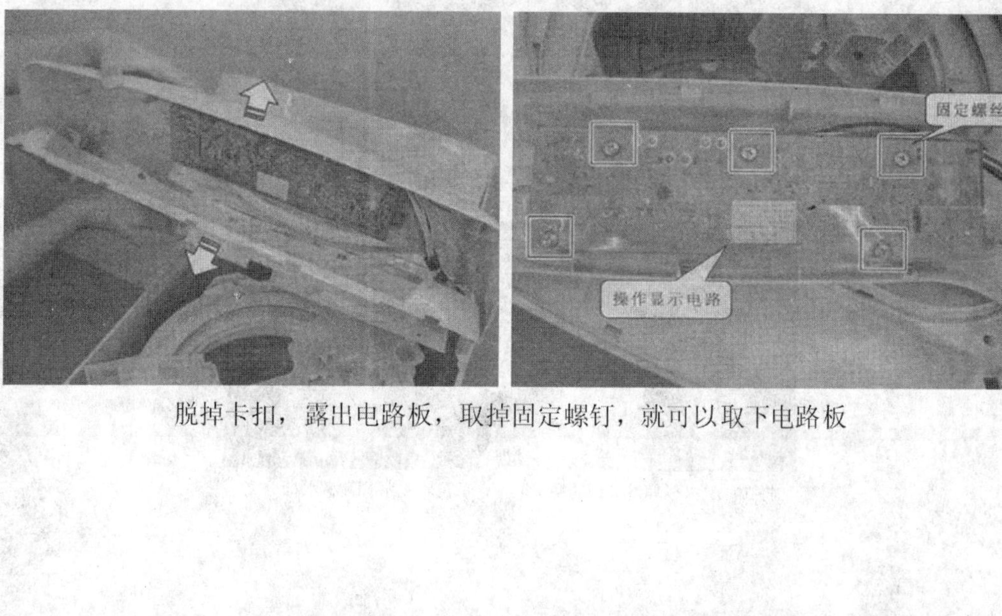

脱掉卡扣，露出电路板，取掉固定螺钉，就可以取下电路板

(2)波轮式洗衣机箱体的拆卸

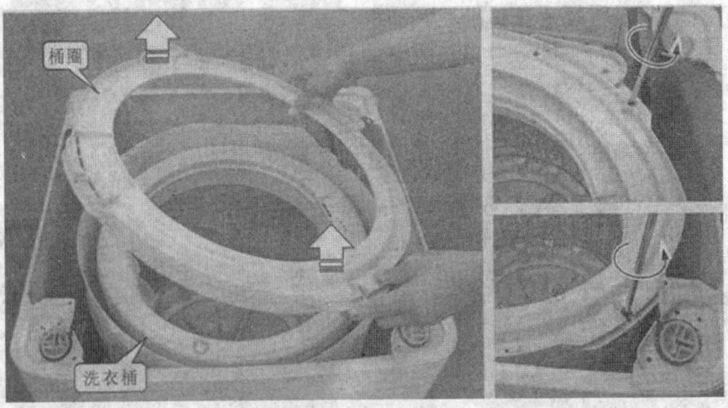

拿走围框，松开螺钉，取下桶圈和滤网

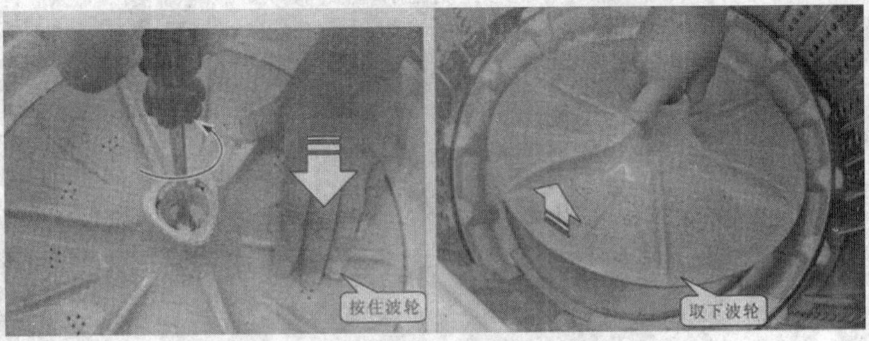

取下波轮

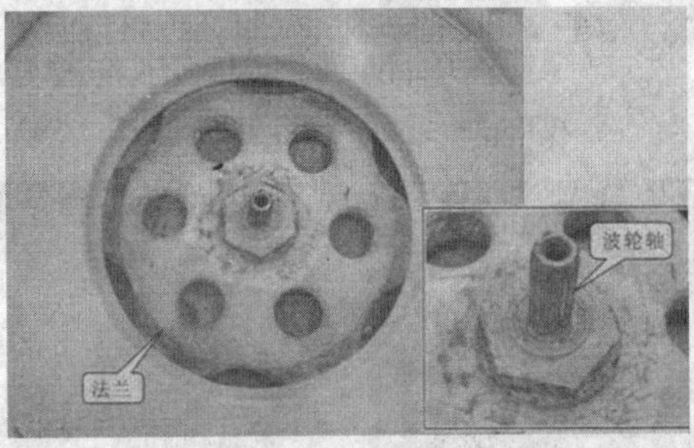

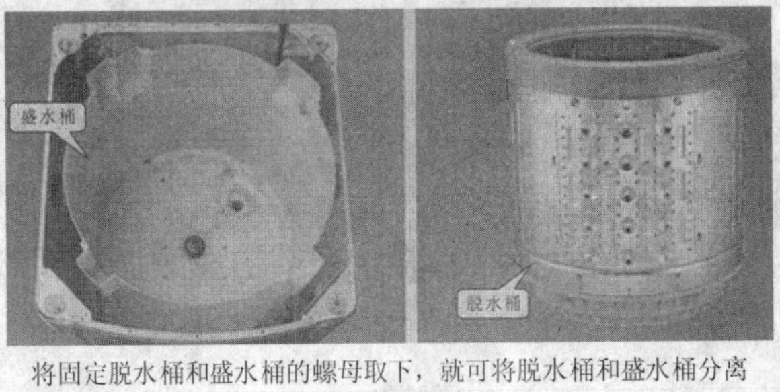

将固定脱水桶和盛水桶的螺母取下，就可将脱水桶和盛水桶分离

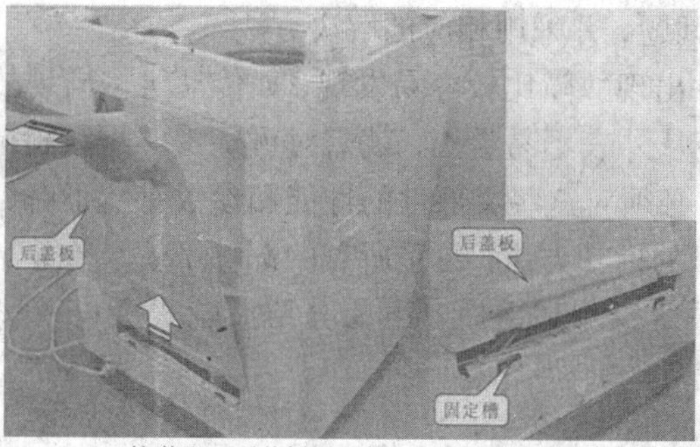

接着取下后盖板四周螺钉，拿走后盖板

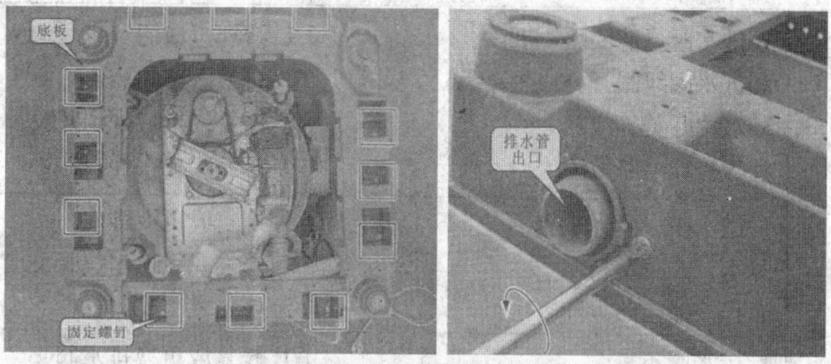

翻转洗衣机，取下底板螺钉和排水管固定螺钉

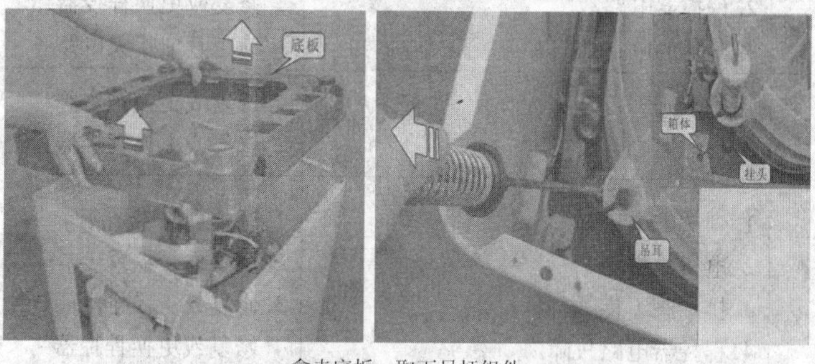

拿走底板，取下吊杆组件

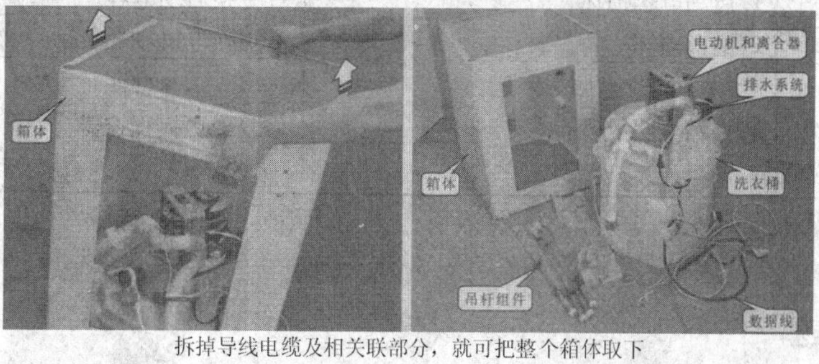

拆掉导线电缆及相关联部分，就可把整个箱体取下

2. 波轮式洗衣机的组装

波轮式全自动洗衣机的组装过程与拆卸步骤相反。

3. 波轮式洗衣机的常见故障及检修方法

洗衣机出现故障时，应检查是否由于操作设定的工作状态有问题，还是外部环境（供水、排水系统，供电系统）有问题，并采用相应的解决方法。

洗衣机中的某些部件出现故障比较容易发现，如传动机构出现故障就会引起传动机构动作失常，但有些零件损坏从外表不易看出，就需对可疑零件进行检测方能发现故障。洗衣机中有许多特殊的零部件，必须对这些零部件的性能和参数有所了解，才能通过检测来判断。

此外还要掌握洗衣机的拆卸方法，几乎所有的部件都安装在密封的箱体内，需要正确地拆解才能取出可疑部件进行检测和更换。下面介绍波轮式全自动洗衣机普遍存在的故障现象，以及排除方法。见表2。

表2

故障现象	可能原因	排除方法
不进水	1. 进水阀过滤网堵塞 2. 进水阀线圈开路或短路 3. 水位开关不接通 4. 程控器电路故障	1. 清理过滤网 2. 更换进水阀 3. 修复或更换水位开关 4. 修复或更换程控器
进水不止	1. 进水阀故障 2. 水位开关不良 3. 程控器电路故障	1. 修复或更换进水阀 2. 修复或更换水位开关 3. 修复或更换程控器
不排水	1. 排水阀不良 2. 程控器电路故障 3. 其他的电路如门开关不良等	1. 修复或更换排水阀 2. 修复或更换程控器 3. 检查其他相关电路
排水不止	1. 排水阀不良 2. 程控器电路故障	1. 修复或更换排水阀 2. 修复或更换程控器
不脱水	1. 刹车带未松开 2. 电机皮带松 3. 排水阀不良 4. 程控器电路故障	1. 调整刹车带 2. 调整皮带松紧度 3. 修复或更换排水阀 4. 修复或更换程控器
电机不运转	1. 启动电容损坏 2. 电机损坏	1. 更换启动电容 2. 更换电机
按下启动键，洗衣机有时工作，有时不工作	程控器电路故障	修复或更换程控器

思考题

1．波轮式全自动洗衣机主要由哪几部分组成？
2．波轮式洗衣机的离合器有什么作用？
3．安全开关起到什么作用？
4．波轮式洗衣机的程控器有哪些类型，其作用是什么？
5．试分析波轮式洗衣机不工作故障原因，写出检修过程。

任务2 滚筒式洗衣机的维修

一、任务名称

本任务名称是滚筒式洗衣机的维修。滚筒式洗衣机造型美观、使用方便、技术成熟，是目前市场上的主流产品。

二、任务描述

1. 滚筒式洗衣机的基本结构

滚筒式洗衣机的结构基本是由洗涤系统、传动系统、支撑减振系统、进/排水系统、加热系统、控制系统等构成。如图 3－2－1 所示。

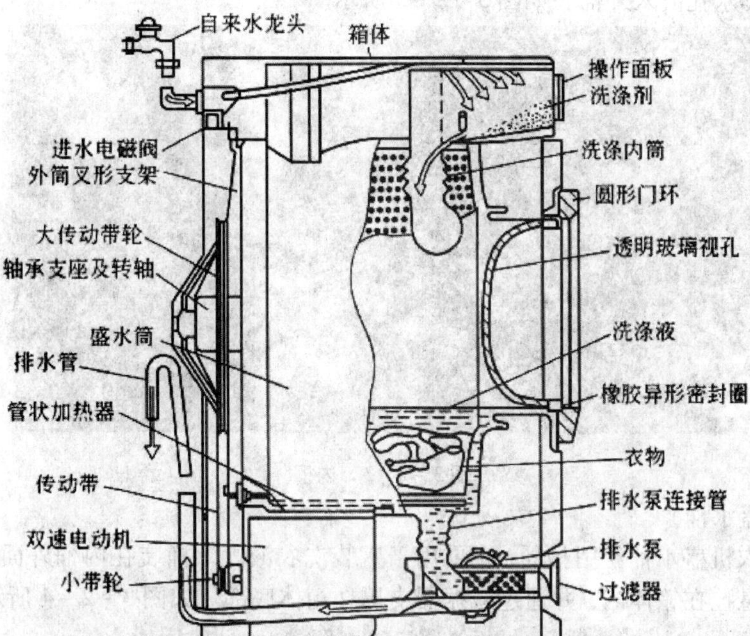

图 3－2－1 普通滚筒式洗衣机结构示意图

(1)洗涤系统

滚筒式洗衣机洗涤系统主要是由外桶(盛水桶)、内桶(脱水桶)、密封圈、固定卡环等构成。如图 3－2－2 所示。

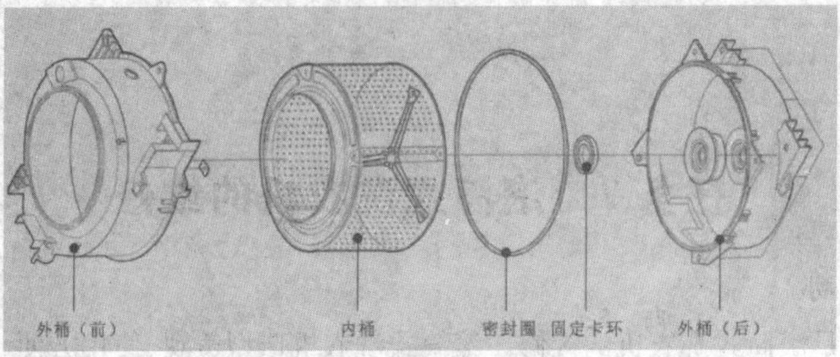

图 3－2－2　滚筒式洗衣机洗衣桶的结构

① 内桶(脱水桶)

滚筒式洗衣机的内桶也称为脱水桶，安装在盛水桶内，工作时，通过旋转进行洗涤和脱水。它是采用聚丙烯塑料或不锈钢金属制成，通过桶内壁上凸起的提升筋和排水孔，在旋转过程中对衣物进行洗涤和脱水操作。在脱水状态时，内桶随电动机高速旋转，桶内衣物水分甩出，经内桶排水孔流入外桶。如图 3－2－3 所示。

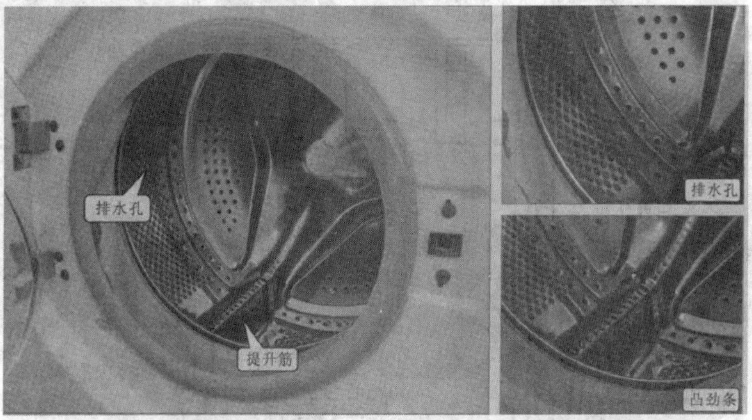

图 3－2－3　内桶

② 外桶(盛水桶)

与波轮洗衣机盛水桶作用相同，主要用于盛装洗衣液。外桶装在内桶外面，在桶的上部采用四根弹簧悬挂在箱体内，并通过减振器支撑在箱体底部。如图 3－2－4 所示。

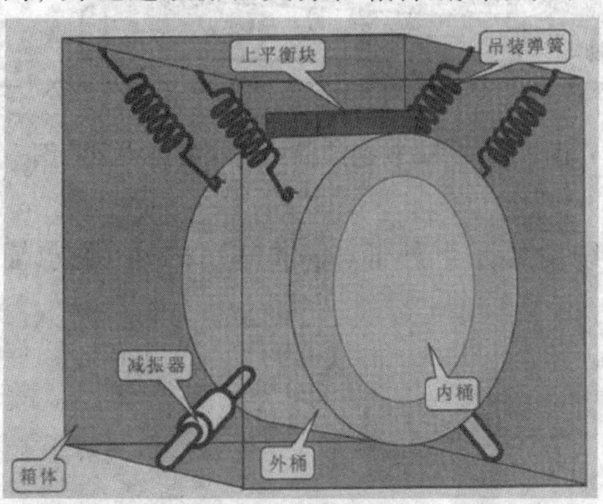

图 3－2－4　外桶固定

(2)传动系统

传动系统由电动机、皮带轮、传动带、运行电容等构成，如图3－2－5所示。

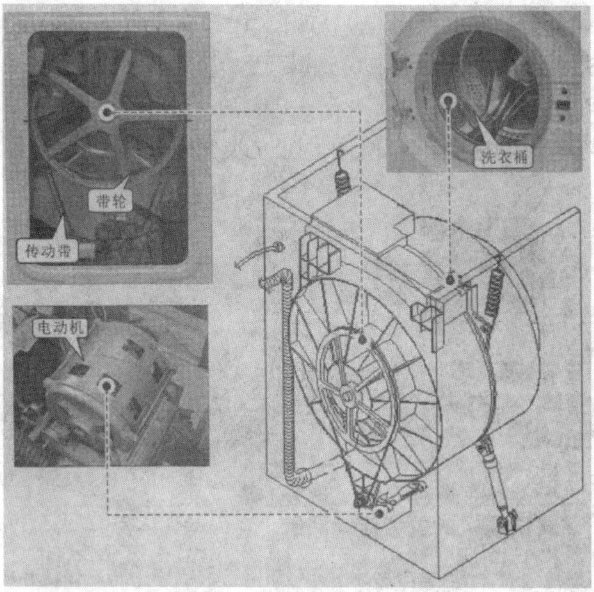

图3－2－5 滚筒式洗衣机传动系统结构

① 皮带轮、传动带

此部分与波轮洗衣机基本相同，不再赘述。

② 滚筒式洗衣机电动机

滚筒式洗衣机所使用的电动机主要包含有电容运转式双速电动机、单相串励电动机和DD直驱式变速电动机三种，其中典型的滚筒式洗衣机通常采用电容运转式双速电动机和单相串励电动机，而DD直驱式变速电动机则是新型滚筒式洗衣机中的主流。

· 电容运转式双速电动机

电容运转式双速电动机又可简称为双速电动机，如图3－2－6所示。

在电动机内装有两套绕组，同在一个定子铁芯上，两套绕组为2极低速绕组和2极高速绕组。在洗涤过程中，由低速绕组工作，带动滚筒洗涤衣物，因此也可以称为洗涤电动机绕组。在脱水过程中，由高速绕组工作，带动滚筒高速运转，甩出衣物水分，因此也可称为脱水电动机绕组。

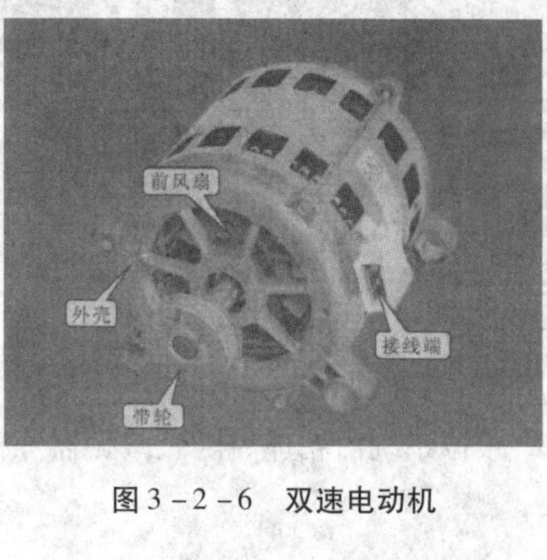

图3－2－6 双速电动机

· 单相串励电动机

单相串励电动机主要由磁极、电驱、电刷和换向器四部分构成，而其中两个重要的部分为静止部分（定子）和转动部分（转子或电枢），如图 3－2－7 所示为串励电动机的内部结构示意图。单相串励电动机通过改变定子磁励绕组与转子绕组串联的极性来改变旋转方向，实现电动机不同方向的旋转。

单相串励电动机与电子调速器配合使用，通过改变电子调速器的输出电压，改变电动机的转速。

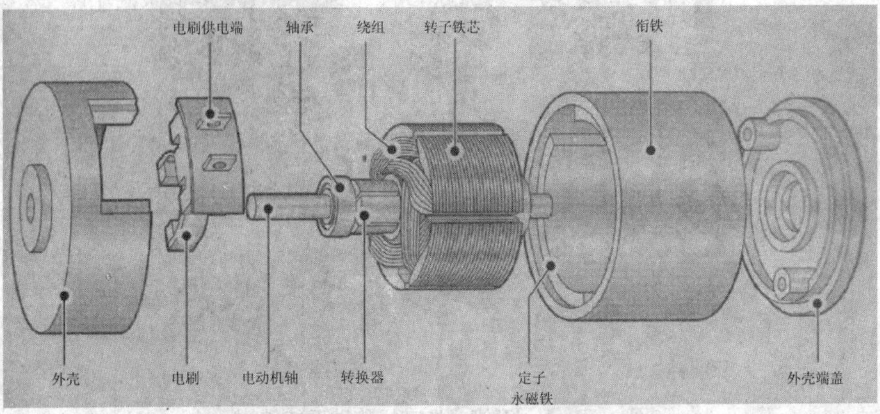

图 3－2－7　单相串励电动机内部结构示意图

· DD 直驱式变频电动机

DD 直驱式变频电动机是目前新型滚筒式洗衣机最为常用的一种电动机，如图 3－2－8 所示。DD 直驱式变频电动机主要由定子铁芯、转子铁芯、编码盘、机架、向心轴承等组成，其向心轴承可承受一定的轴向力，使 DD 直驱式电动机在工作过程中稳定旋转。转子铁芯部分由永久磁铁和绕组组成，永久磁铁产生的磁场回路和线圈产生的磁场回路产生磁场，并作用于齿隙，使转子沿着齿隙的磁场方向旋转。

另外，DD 直驱式变频电动机主要采用了转子和脱水桶直接连接的方式，中间不再有皮带和带轮过渡。

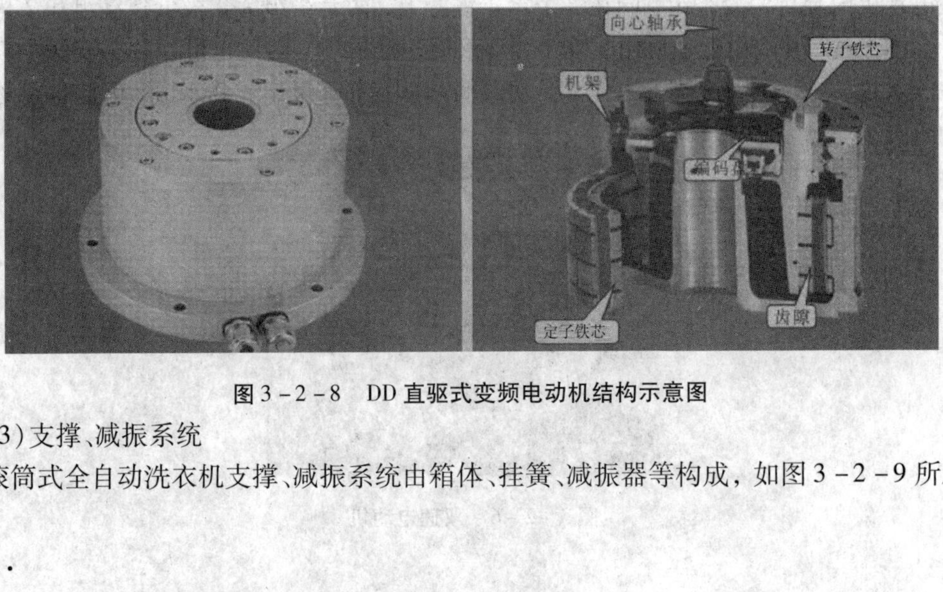

图 3－2－8　DD 直驱式变频电动机结构示意图

（3）支撑、减振系统

滚筒式全自动洗衣机支撑、减振系统由箱体、挂簧、减振器等构成，如图 3－2－9 所示。

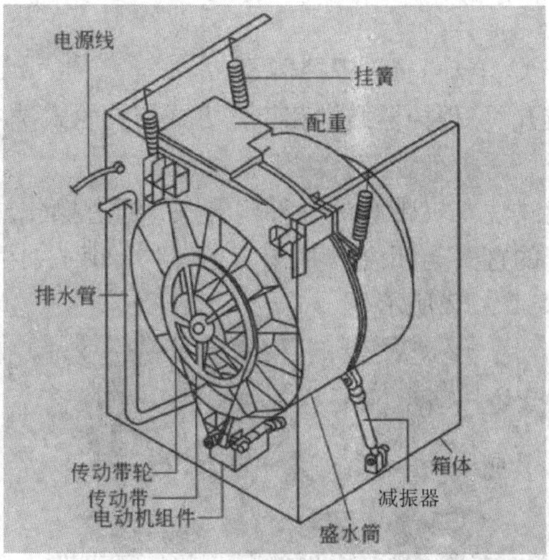

图 3－2－9　滚筒式洗衣机支撑机构示意图

(4)进/排水系统

滚筒式洗衣机进/排水系统由两部分组成。其中，进水系统由进水管、水位传感器、进水电磁阀等构成;排水系统由排水管、排水泵、过滤器等构成。

该系统多数器件与波轮式洗衣机功能相同，特别指出的是排水阀。由于滚筒洗衣机通常采用上排水式，因此要采用排水泵排水。排水泵用塑料注塑成型，使用单相罩极电动机驱动。常见的排水泵如图 3－2－10 所示。

图 3－2－10　排水泵实物图

(5)加热系统

加热系统由加热器、温控器、过热保护器等组成。由于滚筒洗衣机洗净率较低，一些产品就利用加热器提高水温，来改善洗涤效果。加热器通常安装在外桶和内桶中间。如图 3－2－11 所示。

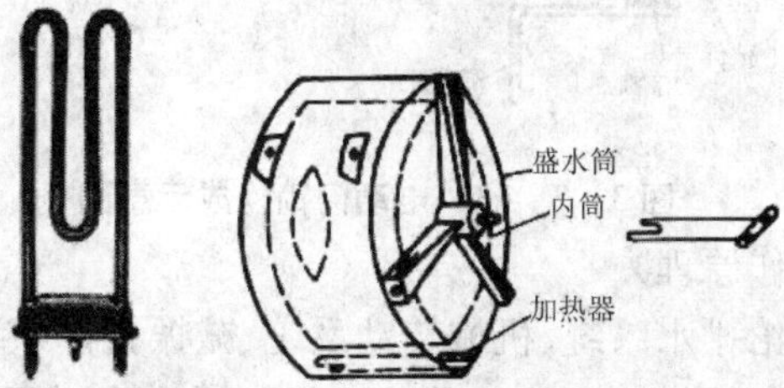

(a) 加热器实物　　(b) 加热器的安装位置

图 3－2－11　加热器实物与安装位置

(6)控制系统

控制系统包括水位开关、电动门锁、程控器等。

滚筒式洗衣机的水位开关、程控器结构和工作方式与波轮式洗衣机相似，这里不再赘述。

① 电动门锁

电动门锁是新型滚筒式洗衣机带有的一种门开关，通过操作显示面板上的门开关按钮，进而控制滚筒式洗衣机门的打开与闭合。其作用是：门关闭时，接通电源，并确保洗衣机工作期间不能打开。如图 3－2－12 所示。

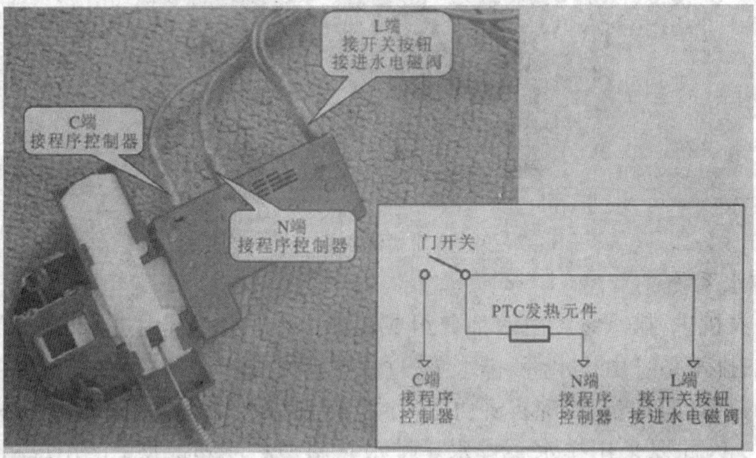

图 3－2－12　电动门锁实物及电路接线示意图

电动门锁的工作原理：当滚筒式洗衣机的门关闭后，有电流流过电磁门开关内的 PTC 元件，使它的温度升高，当温度达到居里点时，PTC 元件的阻值急剧增大，进入高阻高温状态。PTC 元件温度升高后，双金属片受热后变形，向上移动，不仅使动触点与静触点 2 吸合，而使小插销向上移动，插入固定板与活动板的小方孔内，从而使洗衣机的筒门关闭后不能打开，直至程序结束。当程序结束，程序控制器切断 PTC 元件的供电，待它的温度下降到设置值后，双金属片复位，不仅使动触点与静触点 2 释放，而且使小插销脱离固定板，实现门锁定控制。如图 3－2－13 所示。

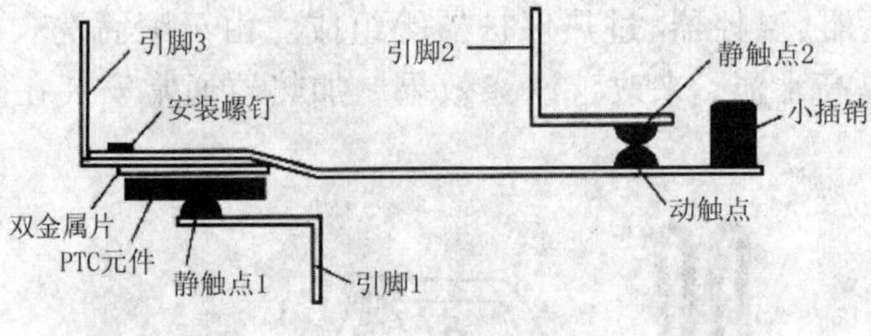

图 3－2－13　电动门锁构成示意图

2. 滚筒式洗衣机的工作原理

滚筒式洗衣机主要由给排水系统、机械转动系统、减振支撑系统和电气系统等组成。其工作过程是：当滚筒式洗衣机通电时，给水/排水系统的进水电磁阀开启注水，而随着外桶中水位的不断上升，水位开关中气室口处的气压也随之升高，进而启动水位开关的不同水位控制开关，当达到程序控制器设定模式所需的水位后，进水电磁阀停止工作，洗衣机的电动机开始运转，通过机械转动系统带动洗衣机的内桶运转，对洗衣机进行洗涤和脱水等操作。在运转的过程中，通过程序控制电路板控制电动机的运转速度。在洗衣机的工作过程中，程序控制器的机械控制装置，控制电动机的启动和制动，通过对启动电路进行控制实现电动机在洗涤和脱水两种状态下的运转速度。在洗衣机洗涤工作完成后，排水系统开始工作。排水泵的电路接通后，排水泵开始工作，水流随着排水泵叶轮运转时，产生的吸力通过排水泵的出水口排放到洗衣机外，当排水工作结束后，水位开关的气压逐渐降低，触动程序控制器后，切断排水泵的电路，排水泵停止工作。洗衣机排水工作完成后，随即进入到脱水工作。启动电容器启动电动机在脱水状态的绕组工作，实现电动机的高速运转，同时带动内桶高速旋转，衣物上吸附的水分在离心力的作用下，通过内桶壁上的排水孔甩出桶外，实现洗衣机的脱水功能。在洗衣机的工作过程中，通过固定在外桶四周的减振支撑系统确保洗衣机的平衡，保障洗衣机在大力的晃动下依旧稳定地工作。

三、任务完成

1. 滚筒式洗衣机的拆卸

滚筒式洗衣机出现故障对其进行检修时，需要对滚筒式洗衣机进行拆卸，下面以图示说明滚筒式洗衣机主要部件的拆卸步骤。

（1）上盖的拆卸

拧开上盖固定螺钉

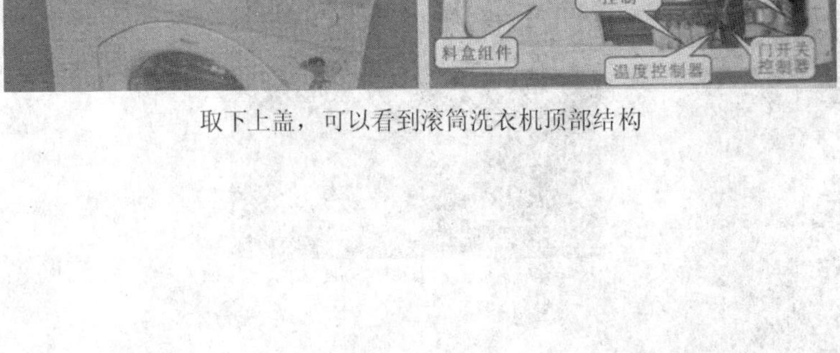

取下上盖，可以看到滚筒洗衣机顶部结构

（2）后盖板的拆卸

拧开后盖板固定螺钉

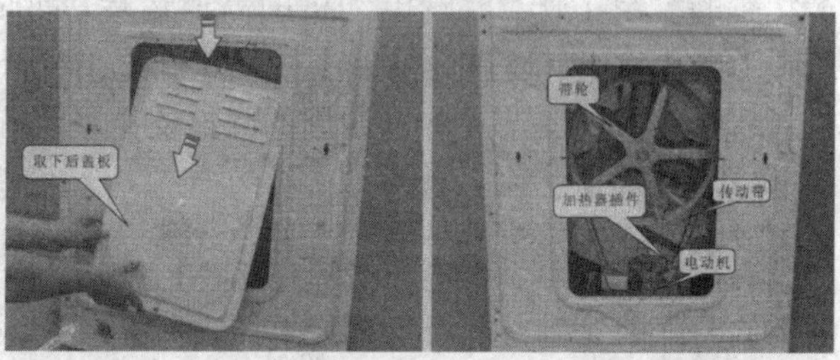

取下后盖板，可以看到滚筒洗衣机后侧结构

（3）操作显示面板的拆卸

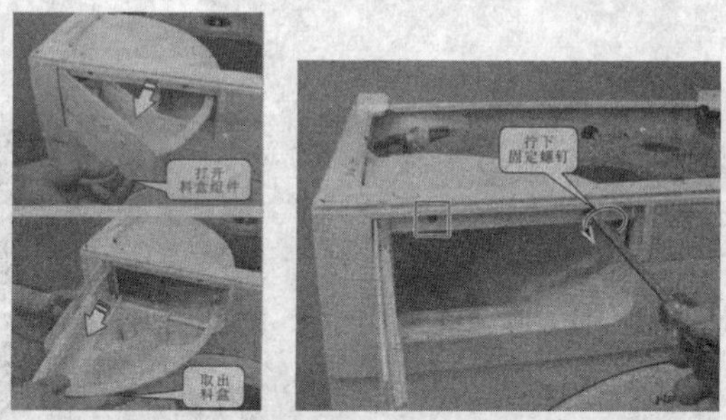

取出料盒，拧下操作显示面板的固定螺钉

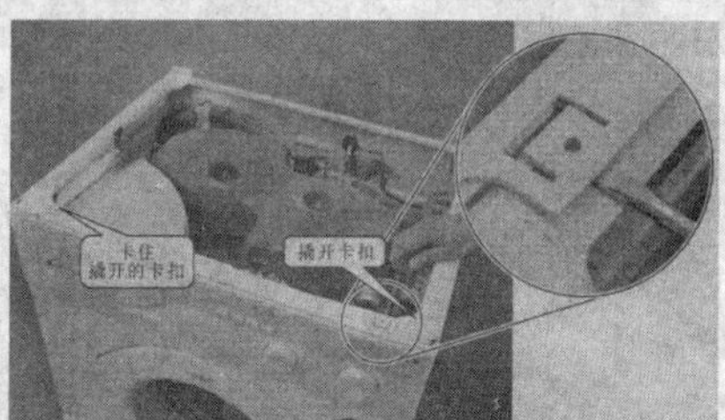

撬开操作显示面板的卡扣（有些是拧开螺钉）

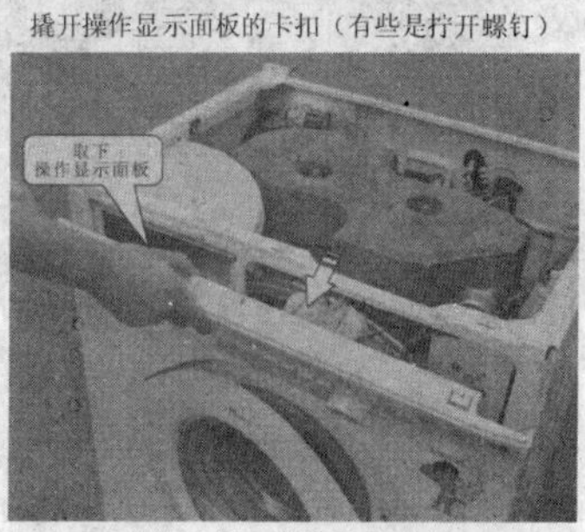

就可以取下操作显示面板

(4)这时可以拆卸程控器电路板、水位开关、进水电磁阀等器件

(5)排水泵的拆卸

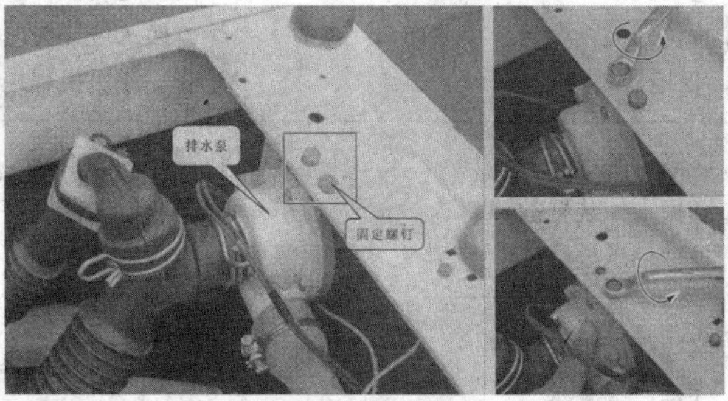

翻转滚筒洗衣机，拧下排水泵固定螺钉，取出排水泵

2. 滚筒式洗衣机的组装

滚筒式洗衣机的组装步骤与拆卸过程相反。

3. 滚筒式洗衣机的常见故障及检修方法

滚筒式洗衣机和波轮式洗衣机很多零部件功能结构相似，故障分析方法也基本相同。滚筒式洗衣机常见故障及检修方法见表3。

表3

故障现象	可能原因	排除方法
不进水	1. 进水阀线圈开路或短路 2. 程控器电路故障	1. 更换进水阀 2. 修复或更换程控器
进水不止	1. 进水阀故障 2. 水位开关不良 3. 程控器电路故障	1. 修复或更换进水阀 2. 修复或更换水位开关 3. 修复或更换程控器
不排水	1. 排水通道堵塞 2. 排水泵故障 3. 程控器电路故障	1. 清理排水通道洗涤残留物 2. 修复或更换排水泵 3. 修复或更换程控器
排水不止	程控器电路故障	修复或更换程控器
不能洗涤	1. 启动电容故障 2. 电动机故障 3. 机械传动装置故障(传动带、内桶轴承等) 4. 程控器电路故障	1. 更换启动电容 2. 修复或更换电动机 3. 更换传动带或轴承 4. 修复或更换程控器
不能加热洗涤液	1. 加热器故障 2. 温控器故障 3. 程控器故障	1. 修复或更换加热器 2. 修复或更换温控器 3. 修复或更换程控器

续表

不脱水	1. 电动机故障 2. 水位开关故障 3. 程控器故障	1. 更换电动机 2. 更换水位开关 3. 修复或更换程控器
噪声大	1. 底脚不平衡 2. 减振支撑装置故障 3. 内桶轴承故障	1. 调节底脚平衡 2. 拧紧减振器螺钉 3. 更换轴承
洗衣机漏水	1. 门边沿漏水 2. 外桶后端漏水	1. 更换老化门锁 2. 更换加热器、温控器探头与外桶连接处的密封圈

思考题

1. 滚筒式洗衣机主要有哪几个部分组成?
2. 常见的滚筒式洗衣机电动机有哪些?
3. 滚筒式洗衣机与波轮式洗衣机的排水方式不同，简单说明滚筒式洗衣机的排水方式。
4. 滚筒式洗衣机不工作，你如何检修?写出检修过程。

项目四　热水器的维修

任务1　电热水器的维修

一、任务名称

本任务名称是电热水器的维修。通常将以电作为能源进行加热的热水器称为电热水器，它具有热效率高、无环境污染、安装维护简单等特点。

二、任务描述

1. 电热水器的基本结构

(1) 电热水器的分类及功率

电热水器按储水方式可分为储水式(又称容积式或储热式)、即热式和速热式(又称半储水式)3种，如图4-1-1所示。其中，储水式电热水器在家庭、宾馆中大量应用，在热水器市场中处主导地位，因此，本任务主要讲解储水式电热水器(简称电热水器)。按安装方式的不同，储水式电热水器可进一步分为立式、横式及落地式；按承压与否，可分为简易式(敞开式)和承压式(封闭式)；按容积大小，可分为大容积式与小容积式。

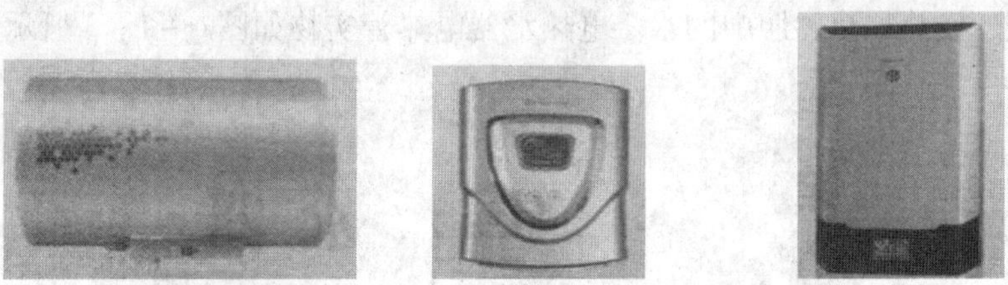

储水式电热水器　　即热式电热水器　　速热式电热水器

图4-1-1　电热水器种类

电热水器的功率以瓦(W)或千瓦(kW)为单位，通常是指电热水器内加热管的功率。其功率越大，单位时间内产生的热量越多，所需加热时间就越少，对电线的负荷要求越高。

目前，市场上常见电热水器的功率有1000W、1250W、1500W、2000W、2500W、3000W等几种。为了满足人们对电热水器产品多样性的需要，市场上出现了双功率电热水器，有500W/500W、500W/1000W、1000W/1000W、1000W/1500W等几种组合方式供用户选择。用户在使用时，可根据需要，选择用一根加热管加热或两根加热管同时加热。

电热水器的功率大小一般与容量大小相对应，在制造时，已由生产厂家确定。通常情况下，10L～15L选择1000W～1250W，40L～80L选择1250W～1500W，100L以上选择2000W～3000W。因此，用户在选购电热水器时，应该了解电热水器的功率大小。功率大小主要应根据住宅电表的容量和电源线的截面积大小来确定，1500W以下的电热水器所用电源线的截面积不应小于1.5mm^2；2000W～3000W的电热水器所用电源线的截面积应不小于2.5mm^2。同时还要考虑到该电源线是专供电热水器单独使用，还是与其他家用电器同时使用等因素。

2. 电热水器的基本结构

储水式电热水器（简称电热水器）的基本结构如图4－1－2所示。

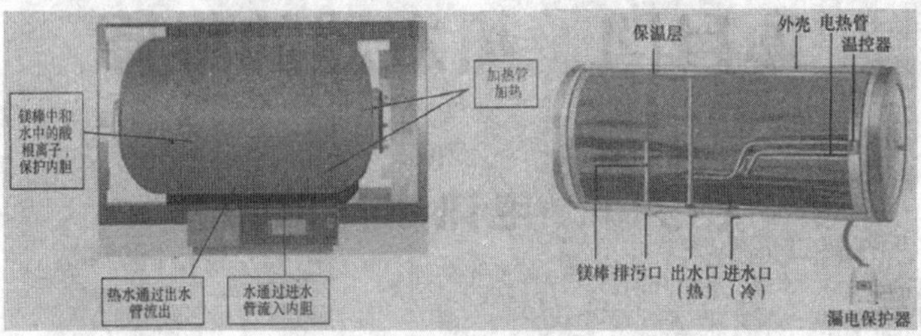

图4－1－2　电热水器的基本结构

电热水器主要由电热管或加热器、漏电保护器、镁棒、温控器、水流感应器、内胆、保温层等部件组成。

① 内胆

内胆是储水式电热水器最重要的组成部件，其质量的好坏直接关系到产品的使用寿命，并且一旦在产品中出现内胆故障（漏水），则无法维修。目前电热水器的内胆主要以搪瓷内胆、不锈钢内胆、镀锌板内胆为主。

② 电热管

它是电能转换成热能的转化装置，主要用来对水进行加热，其功率为1500W～3000W，主要由发热电阻丝、铜管或不锈钢管、导热绝缘介质氧化镁和接线端子构成。当通电时，电流使发热电阻丝发热加热内胆中的水。电热水器电热管实物如图4－1－3所示。

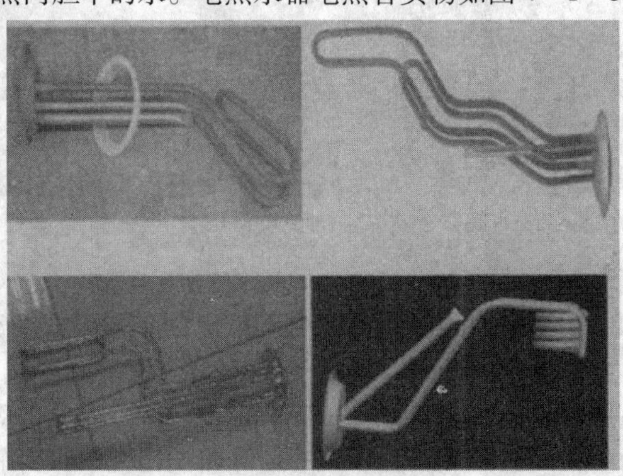

图4－1－3　电热水器电热管实物图

电热管的检测：

·发热电阻丝阻值在 300～400Ω 之间。

·用万用表 R×10K 挡，红表笔测端子，黑表笔测安装盘，阻值应大于 2MΩ。

③ 镁棒

镁棒的主要作用在于保护内胆，由于水中含有负离子，这些离子会和内胆中的金属成分（大多为铁离子）发生反应，从而造成内胆的腐蚀。镁是一种化学性质较活泼的金属，它的活泼性大于铁，水中的酸根离子会优先与镁离子进行化学反应，从而保护内胆不被腐蚀。由于镁棒牺牲自己而保护了内胆，所以使用镁棒保护内胆的方法被称为牺牲阳极法。使用镁棒是为了延长内胆的寿命，然而内胆仍旧有被腐蚀的可能，因此需要定期更换镁棒。如图 4－1－4 所示为镁棒实物图。

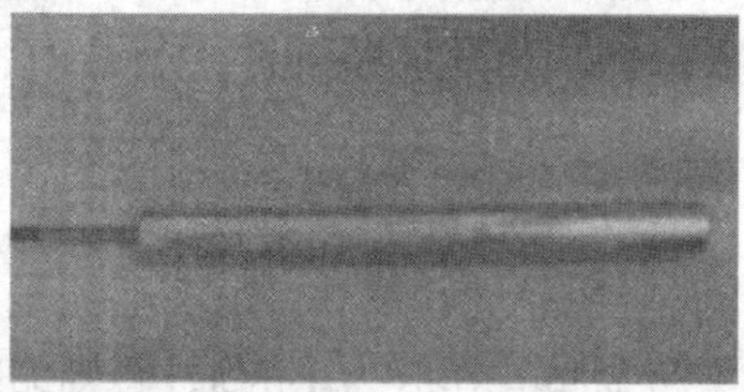

图 4－1－4　镁棒实物外形实物图

④ 温控器

温控器是一端由装有液态材料的探温头（控温头套在发热管一盲孔内）和另一端同调温旋钮装在一起的触点开关组成，中间由毛细金属管连接，液态材料可以在管内自由流动，其受热膨胀、受冷收缩，膨胀量和收缩量随温度变化而变化，如图 4－1－5 所示。

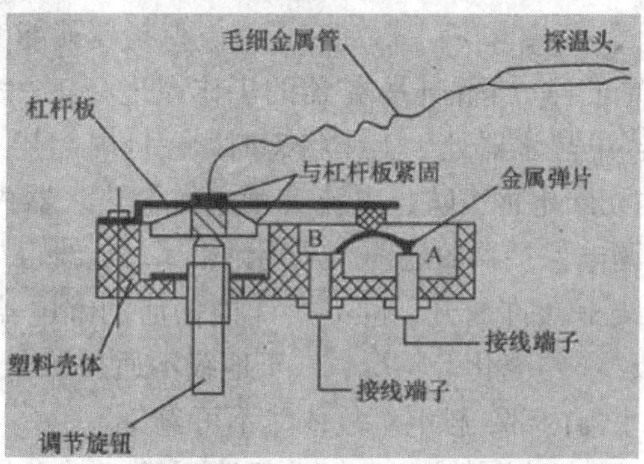

图 4－1－5　温控器结构

温控器的工作原理：当内胆的温度达到设定值时，液态材料受热膨胀流过毛细管顶起杠杆板，金属片自然弹起，断开两极，停止加热。当水温下降到设定温度 5℃左右时，液态材料冷缩，杠杆板自动回弹并压下弹簧片至 A 点，电路重新闭合，开始加热，实现保温功能。

温控器的检测：

拆下连接线，用万用表 R×1 电阻挡，调零后，用表笔测两端子应为导通；否则判为损坏，需更换（可调式温控器要把旋钮转到最高温位置测量）。

⑤ 超温保护器（限温器）

如果温控器失灵，水的温度将会升高，同时产生水蒸气，导致胆内压力过高，水管或法兰口漏水。为了避免温度继续上升，当温度过高时，超温保护器会切断电源。所以超温保护器起着二次保护的作用。若想再启动电源，必须人工复位或更换，如图 4－1－6 所示。

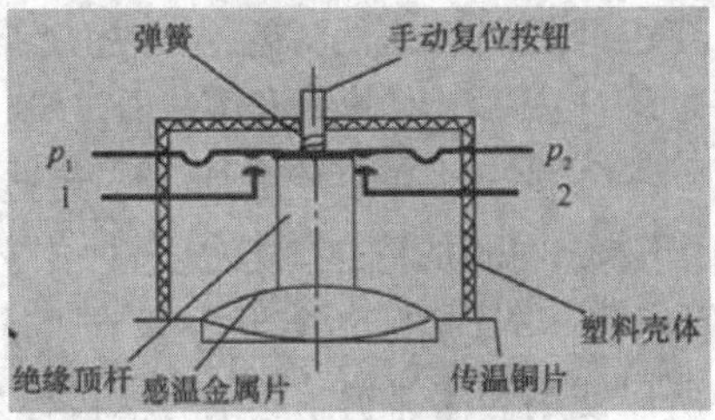

图 4－1－6 超温保护器结构

超温保护器的工作原理：当内胆水温达到 88℃以上时，双金属片受热变形向上弹起，顶起绝缘顶杆，断开两极实现超温保护。当两极断开需要复位时，必须按下手动复位按钮，并用万用表测量两极是否相通。

超温保护器的检测：

拆下连接线，用万用表 R×1 电阻挡，调零后，用表笔测量两端子，常态为导通；否则为损坏，需更换。用表笔测量端子与金属外壳应为不导通；否则为损坏，需更换。

⑥ 漏电保护器及防电墙技术

· 漏电保护器。在电源插头上安装具有漏电保护功能的漏电保护器。一旦发生漏电，安全装置在 0.1s 内切断电源，确保人身的安全。

漏电保护器的测试：

通电后按“试验”按钮，漏电开关应立即跳闸。

· 防电墙技术。不少人认为，电热水器加装了漏电保护器就能够保证其使用安全。要消除这个错误的认识，应首先了解一下漏电保护器的工作原理，电源线中的火线和零线通过漏电保护器进入电热水器，当电热水器处于工作状态时，一旦内部某一电器产生漏电，漏电保护器应该在 0.1s 的时间内切断电源，防止电流继续进入电热水器内部。但是电热水器的电源线中还包含一股不通过漏电保护器的地线。从理论上讲，地线也是为保证用电安全而设置的，因此国家标准规定地线不允许断开，也不允许接任何的继电器。但万一出现接地不可靠、装修时火线与地线接反、线路老化等情况，由于地线不通过漏电保护器，这时电流就可能通过地线长驱直入到电热水器内部，触电事故依然不可避免。

海尔电热水器推出了“防电墙”技术，很好地解决了环境带电的问题，如图 4－1－7 所示。通俗地讲，“防电墙”是由一段小口径绝缘管及进、出水管连接装置组合构成。

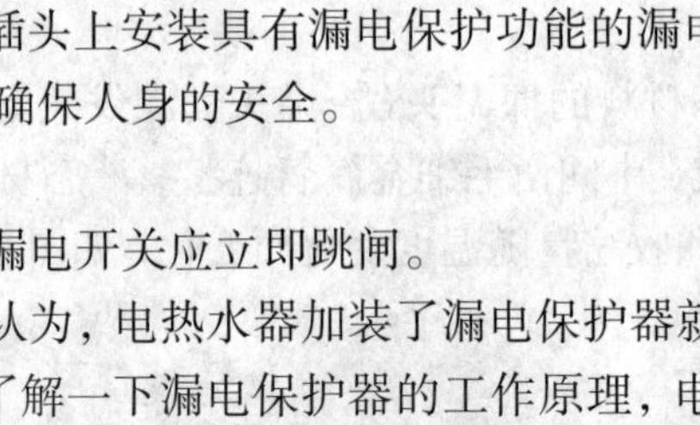

(a)进水管　(b)出水管　(c)防电墙

图 4－1－7　防电墙实物图

“防电墙”技术工作原理:简单来说，“防电墙”就相当于在人体和水之间装了一个很大的电阻，一旦发生漏电现象，这个“电阻”可以分得大部分的电压，从而使人体所负担的电压非常小，如图 4－1－8 所示。

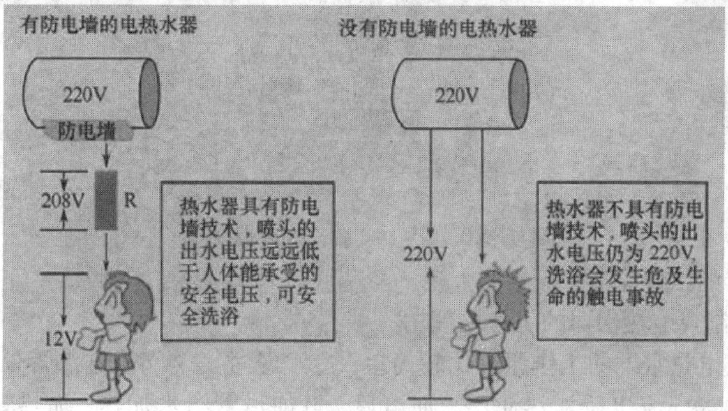

图 4－1－8　防电墙的工作原理

实验表明，即使向内胆中通入 220V 电压，经过“防电墙”的作用，人体在出水口处承担的电压也在 12V 以下(经人体电阻测算所得)。而 12V 的电压根本不会对人体造成任何危害。

⑦ 混水阀

冷、热水通过混水阀的冷热水接管进入混水阀，通过调节混水阀手柄，可调节出适合的水温。如图 4－1－9 所示。

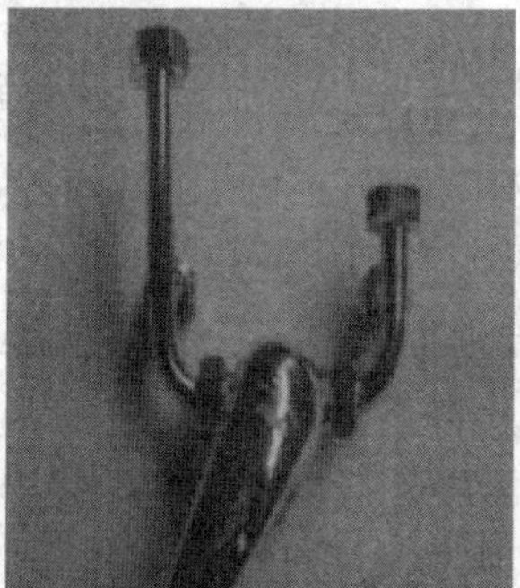

图 4－1－9　混水阀

⑧ 安全阀

安全阀起到单向进水和超压安全保护作用。在自来水压力突然增高或加热过热而造成内胆承受压力过大时(一般为 0.6MPa,部分为 0.7MPa)，安全阀就会自动滴水泄压，不至于因压力过高而损坏内胆。因此，在加热过程中，安全阀缓慢滴水是正常现象。如图 4－1－10 所示。

图 4－1－10　安全阀外形

3. 电热水器的工作原理

(1)机械控制式电热水器的工作原理

机械控制式电热水器的工作原理比较简单，冷水经过安全阀从进水管处进入内胆底部，待满水时从出水管处流出后加热使用。通电后，电加热管给水加热，加热管由温控器来控制，使内胆中的水温恒定，且在 40℃～80 ℃范围内可调。依靠进水压力，热水从内胆的出水管排出，再通过混水阀，将热水与冷水混合至适当的温度，供人们使用。

(2)电子式电热水器的工作原理

图 4－1－11 是某电子式电热水器的电路原理图。电位器 P 负责温度设置，负温度系数热敏电阻 Rt 负责温度检测，运算放大器 LM324 负责温度控制和防干烧保护控制，红灯为电源指示，绿灯为加热指示。

① 加热过程

打开自来水开关，调节温度电位器设定好温度。打开电源开关 K，220V 电压通过保险、电源开关 K 加到变压器初级，被变压器 T 降压后由次级输出交流 14V 电压，经 VD1、VD2 全 V 波整流，C1 滤波变换为直流电压，经 R15、VD7、VD4 稳压为 8.2V 作为 LM324 等运算器的工作电压。此时电源指示灯 VD7 导通而发亮，表示电源已经接通。

当水温低于设定温度时，热敏电阻 Rt 阻值较大，它与 R3 对 +8.2V 分压，对 LM324 的 3 脚提供的电压低于 2 脚的基准电压(由外接电位器等决定，在 2.7～5.4 V)，内部运算器据此令 1 脚输出低电平，使 LM324 的 6 脚电压低于 5 脚基准电压(4.1V)，内部运算器令 7 脚输出高电平，BG2 饱和导通，驱动继电器 J 吸合其触点接通，接通加热管 220V 供电，开始加热工作。另外，因 BG2 饱和导通，其发射极有电压输出，令 VD8 导通发亮，表示当前处于加热工作。

随着水温的升高，热敏电阻 Rt 阻值逐渐减小，使 LM324 的 3 脚电压逐渐升高，当 3 脚升高到大于 2 脚电压时，内部运算器据此判断水温达到了设定温度，令 1 脚输出高电平，使 6 脚高于 5 脚基准电压，使 7 脚输出低电平，BG2 截止，继电器 J 和 VD8 同时终止工作，停止加热，加热指示灯熄灭。此时，LM324 的 1 脚输出的高电平，还加到 12 脚令 14 脚输出高电平，驱动蜂鸣器鸣叫，提醒用户加热工作结束。

② 防干烧保护

水位正常，+8.2V 电压通过水、防干烧探头对 LM324 的 9 脚的电压高于 10 脚基准电压(4.1V)，内部运算器据此令 8 脚输出低电平，D6 截止，对其他电路的工作无影响。

在水位低于防干烧探头时，LM324 的 9 脚低于 10 脚基准电压，内部运算器令 8 脚输出高电压，通过 VD6、R6 使 BG1 饱和导通，将 LM324 的 2 脚钳位于近 0V，导致 3 脚电压高于 2 脚，内部运算器令 1 脚输出高电压，即停止加热，蜂鸣报警，从而防止热水器干烧并鸣叫提示用户。

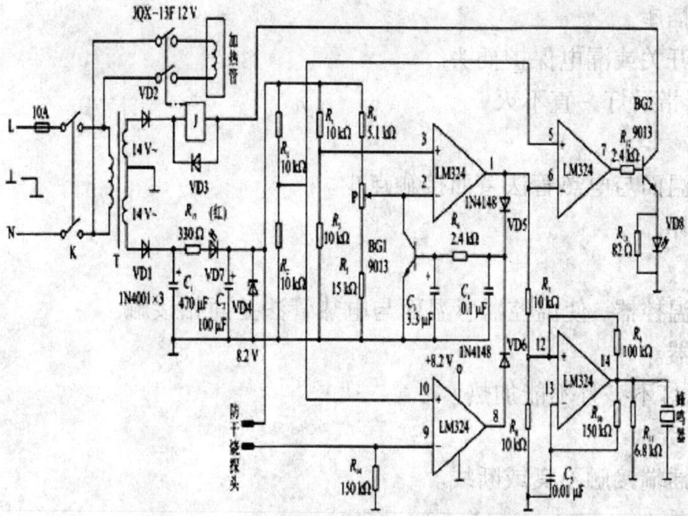

图 4－1－11　某电子式电热水器的电路原理图

三、任务完成

1. 电热水器的拆卸

储水式电热水器的加热器、控制器、保护器、电源等集中装在一块可拆卸的控制板，排水后，松开控制板的连接螺母，卸下控制板，连同加热器一起取出。拆卸时，要防止水箱松开控制板后箱内水溢出(因水箱中水未放尽)，使电器零件受潮。卸下的垫衬、零部件要小心存放，防止受损或丢失。

2. 电热水器的组装

安装过程与拆卸步骤相反。

3. 电热水器的常见故障及检修方法

(1)在正常加热时突然跳闸

故障原因：

① 电热管与温控开关探头经金属直接导热，若导热过快、过高，则会产生误动作。

② 电热管绝缘性能下降，产生漏电电流，使漏电保护开关产生误动作。

③ 其他带电元器件与机壳之间产生漏电。

④ 漏电保护开关与插座接触不良，因过热而产生误动作。

⑤ 漏电保护开关与温控开关中的任一者出现故障。

注意:上述皆为有良好接地情况。

检修方法：

将温控开关探头从盲管底部抽高约 40mm 后断电，将万用表打至 Ω 挡最大量程;然后分别将两表笔与电热管外壳及其任一电源接线端相接，若冷态绝缘电阻小于 7MΩ，则需更换电热管。

① 检查排除或更换元器件。
② 检查排除或更换电热管。
③ 检查排除或更换漏电的元器件。
④ 更换标准插座。
⑤ 更换温控开关或漏电保护插头。

(2)电热水器指示灯一直不灭

故障原因：
① 温控器感温面与电热管法兰面接触点少。
② 温控器损坏。

检修方法：
① 重新安装温控器，使温控器感温面与电热管法兰面相接触。
② 更换温控器。

(3)加热指示灯不亮且不能加热

故障原因：
① 温控器接插端接触不良或断线。
② 温控器烧断。

检修方法：
① 检查、排除接触不良或断线。
② 更换温控器。

(4)加热指示灯亮，但不能加热

故障原因：
① 电热管接插端接触不良或断线。
② 电热管烧坏。

检修方法：
① 检查、排除接触不良或断线。
② 更换电热管。

(5)无保温功能，一直加热下去直到跳闸

故障原因：

温控器动作温度过高或温控器触点已烧熔短路。

检修方法：

更换温控器。

(6)一直处于保温状态，不能重新加热

故障原因：

温控器不能复位，一直处于开路状态。

检修方法：

更换温控器。

(7)加热时间过长

故障原因：

① 电热水器首次使用(或停用一段时间后再使用)，加热到最高水温 75℃所需的时间约

为2h。

② 电热水器未使用最高功率挡加热。

③ 电热管损坏。

检修方法：

① 把功率转换开关旋到最高功率挡。

② 更换电热管。

(8)漏电保护指示灯不亮

故障原因：

① 电源插座无电或与插头接触不良。

② 电热水器内无水(或未灌满)，电热管处于干烧状态，漏电保护开关跳闸，切断电源。

③ 电热水器的水温太高，漏电保护开关跳闸，切断电源。

④ 电热水器漏电，漏电保护开关跳闸，切断电源。

检修方法：

① 用电笔检查是否有电，以及漏电保护插头与插座的接触是否良好。

② 先按使用说明将电热水器灌满水，再将漏电保护插头的复位按钮按下，即可恢复正常。

③ 温控器失灵，更换温控器。

④ 电热管损坏，更换电热管。

思考题

1. 简述储水式电热水器的基本结构。
2. 储水式电热水器水箱中的镁棒有什么用？
3. 储水式电热水器电路中的漏电保护器有什么用？
4. 简述“防电墙”技术的工作原理。
5. 试分析储水式电热水器上电漏电保护器立即跳闸的故障原因。
6. 试分析储水式电热水器不能加热水的故障原因。

任务2　太阳能热水器的维修

一、任务名称

本任务名称是太阳能热水器的维修。太阳能热水器是利用集热器吸收太阳光，将光能转化成热能，将水从低温加热到高温，满足人们在生活中、生产中对热水的需要。太阳能热水器主要分为两大类，即真空管太阳能热水器和平板太阳能热水器。目前，使用最多的还是真空管太阳能热水器，因此，本任务主要讲解真空管太阳能热水器的维修。

二、任务描述

1. 太阳能热水器的基本结构

真空管太阳能热水器是目前吸热效率最高的热水器，它的优点是不需要在集热部分增加保温层，而且现在的真空管无论在抗高温方面，还是在抗打击和保温方面，性能都是一流的，也被绝大部分太阳能热水器生产厂家所采用，基本结构如图 4－2－1 所示。

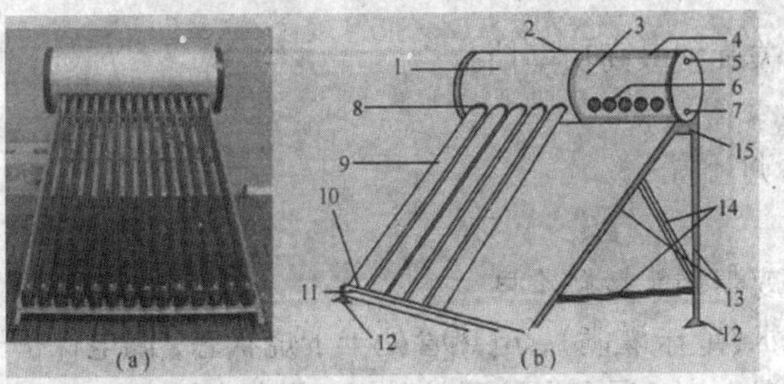

(a)实物；(b)结构。

1—储水箱；2—水箱外壳；3—水箱内胆；4—保温层；5—排气孔；6—真空管插孔、硅胶圈；7—上、下水孔；8—防尘圈；9—真空管；10—尾托；11—尾托架；12—防风脚；13—前、后腿；14—撑档；15—桶托

图 4－2－1　真空管太阳能热水器

太阳能热水器主要由利用太阳能把冷水加热的集热器、保持水温的保温储水箱、控制冷热水进出的控制系统、支架和辅助配置等构成。

(1)太阳能热水器的主要部件

① 全玻璃真空管集热器

全玻璃真空管集热器是太阳能热水器的能量接收装置，其功能相当于电热水器中的电加热器。它是由具有太阳光选择性吸收涂层的内玻璃管和同轴的罩玻璃管构成的，内玻璃管一端为封闭的圆顶形状，由罩玻璃管内带吸气剂的支承件支承，另一端与罩玻璃管一端熔封为环状的开口端，全玻璃真空太阳能集热管结构及外观如图 4－2－2 所示。

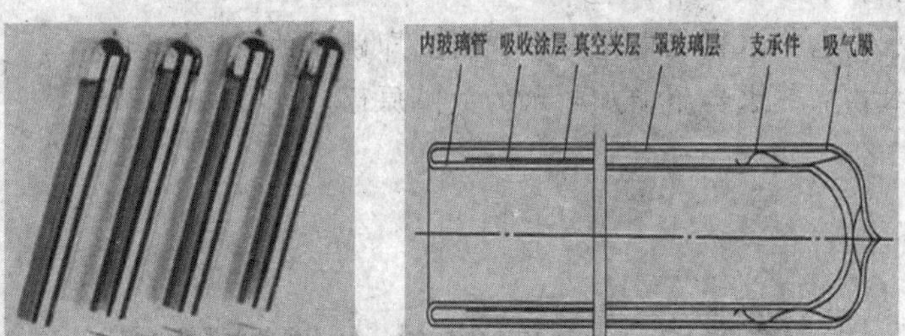

图 4－2－2　全玻璃真空太阳能集热管

真空管好坏的鉴定：

真空管是太阳能热水器的心脏，真空管的好坏直接影响到太阳能热水器的使用寿命和使用效率。根据经验总结以下几条真空管好坏的鉴定方法：

· 材质分析。好的真空管是采用高硼硅玻璃制造，透光性好，耐冲击，遇到突冷突热的水不容易炸裂，直观看上去比较透亮。

· 重量分析。好的真空管比较重，这样它的机械强度比较好，受到各种冲击时不容易破碎。

·表面分析。好的真空管没有划痕、裂痕，管的内外干净，无污物，没有磕碰现象存在。一般好的真空管的镀膜纯正光亮，有深蓝色的光影，同一批次产品的颜色一致性好，但由于各厂的选择性涂料的配方不同，色泽和亮度有很大区别。

·从尺寸上看。好的真空管直径在标准范围内，误差小于0.1mm，长短与标准长度比误差在0.58mm范围内；差的真空管一般直径都比较小，长度也不够。

② 储水箱

储水箱是存储热水的装置，是太阳能热水器的重要部件，因为太阳能热水器只能在白天工作，而人们一般常在晚上才使用热水，所以必须通过保温层把太阳能集热器在白天产出的热水存储起来。储水箱的结构设计、保温材料的选择将直接影响太阳能热水器的性能和使用寿命。如图4-2-3所示。

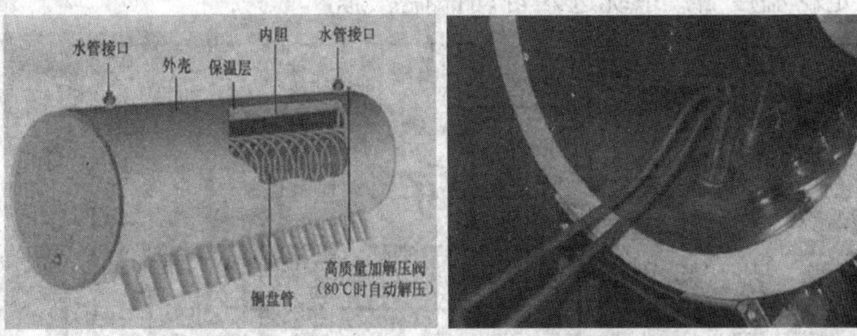

外形　　局部剖视图

图4-2-3　储水箱

太阳能热水器的储水箱由内胆、保温层、储水箱外壳等组成。水箱外壳采用0.5mm厚彩钢板、镀铝锌板或不锈钢板，强度高，耐腐蚀。储水箱内胆采用0.5mm厚的304不锈钢板经自动氩弧焊焊接加工制成，304不锈钢板含碳量低，因此焊缝质量高，不易锈蚀。此外，也使用搪瓷等材质。保温层采用优质聚氨酯整体发泡形成，保证了太阳能热水器的热效率大于50%。

总之，对太阳能热水器储水箱的要求是保温效果好，耐腐蚀，对水质无污染，使用寿命可达到20年以上。

③ 连接管路

连接管路将热水从集热器输送到储水箱，将冷水从储水箱输送到集热器，使整套系统形成一个闭合的回路。要求热水管路必须做保温处理，质量符合标准，使用寿命达到20年以上。

④支架

支架的作用是支承储水箱，固定集热器，保证二者连为整体。支架设计应合理，应有足够的强度和刚度才能确保有足够的承重能力。对太阳能热水器支架的要求是结构牢固，抗风吹，耐老化，不生锈。支架的材质一般为彩钢板或铝合金，使用寿命要求达到20年。

⑤ 辅助装置

辅助装置用来提升太阳能热水器性能，简化操作，有助于实现太阳能热水器自动全天候运行。一般情况下，厂家都是根据产品性能提供相应的辅助装置，以使辅助装置与产品相结合达到合理使用。

(2)太阳能热水器的控制电路

①太阳能热水器的控制器

绝大多数太阳能热水器都安装了智能控制器，它具有以下功能：用数字方式显示水温、水位；全自动水位控制，水位低于规定值报警并自动上水，上水到规定水位时自动停止上水；水位界于高低水位之间时，可以通过触摸键手动上水、停水；当水压不足时，自动控制增压泵投入工作，避免因水压不足导致上水失败；全自动的温度控制，禁止太阳能热水器在高温空晒后进水，可以防止真空管因突然注入冷水而爆裂。

图 4 -2 -4 所示某控制器的电路原理。其控制过程为：操作者通过按键设置所需的水温和水位，设置好后按工作键进入工作状态。单片机控制电磁阀自动完成上水，并实时检测、显示水温和水位。当水温没达到设定值而又长时间无变化时，系统则自动启动电加热器将水加热到设定的温度；若操作者按下加热键时，系统也可启动电加热器将水加热到设定值的温度。水温达到设定的温度后，系统进入自动保温状态。

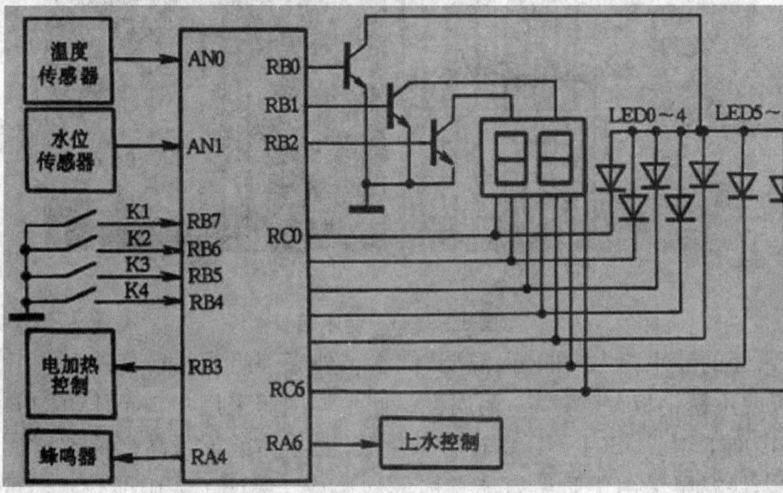

图 4 -2 -4　某控制器的电路原理

②典型的温度控制电路

由热敏电阻等构成的太阳能热水器温度控制电路如图 4 -2 -5 所示。电路中，热敏电阻 RT1 检测集热器中水的温度，RT2 检测蓄水箱中水的温度。该温度通过热敏电阻转换为相应的电压加到比较器 A1 的输入端进行比较，A1 输出比较结果通过继电器 K1 控制循环水泵的动作。RP1 + R1 的阻值决定循环水泵的动作，实用情况下的电阻值为 12 ~ 18Ω 较适宜。例如，RP1 + R1 的阻值为 13Ω 时，蓄水箱中水温为 30℃，集热器中水温为 37℃时，水泵开始工作并使集水器与蓄水箱中水循环交换；集热器中水温为 34℃时，循环水泵停止工作。蓄水箱中水温为 60℃，集热器中水温为 65.5℃时，循环水泵再次工作并使集热器与蓄水箱中水循环交换；集热器中水温为 63.3℃时，循环水泵停止工作。

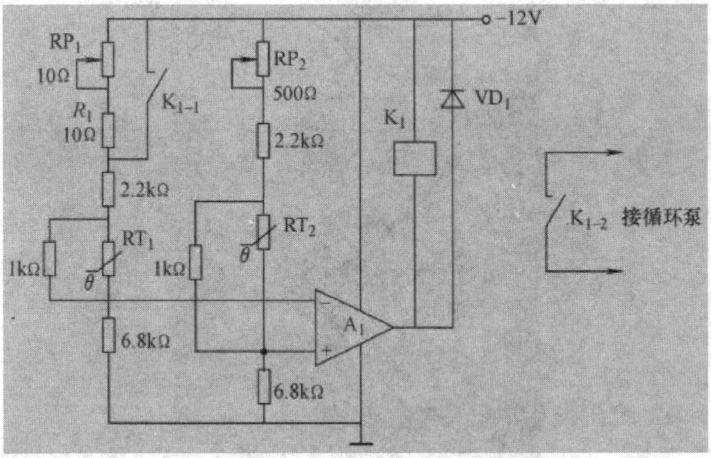

图 4－2－5　由热敏电阻等构成的太阳能热水器温度控制电路

③自动上水电路

图 4－2－6 所示，为太阳能热水器自动上水电路。其工作原理是：当自动上水电路接通电源后，在水箱水位低于 A 点时，晶体管 VT 基极经 A 点测得无水信号，VT 截止，中间继电器 K 失电，常闭触点 K－1 接通，接触器 KM 吸合，常开触点 KM－1、KM－2 闭合，电磁阀 YV/220 得电打开上水，常闭触点 KM－1 断开。当水位上升到 B 点时，VT 饱和导通，中间继电器 K 吸合，常闭触点 K－1 断开，接触器 KM 失电，常开触点 KM－1、KM－2 断开，使电磁阀 YV/220 关闭，停止上水。接触器 KM 常闭触点 KM－1 闭合，待集水箱水位又下降到 A 点时，自动上水电路又重复上水工作状态。

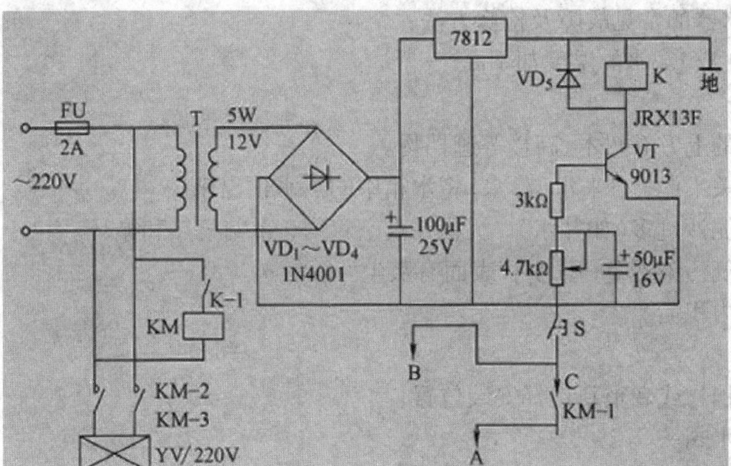

图 4－2－6　太阳能热水器自动上水电路

2. 太阳能热水器的工作原理

真空管是太阳能热水器的核心，它的结构如同一个拉长的暖瓶胆，其内、外层之间为真空。在内层玻璃管的表面，利用特种工艺涂有光谱选择性吸收涂层，用来最大限度地吸收太阳辐射能。经阳光照射，光子撞击涂层，太阳能转化成热能。

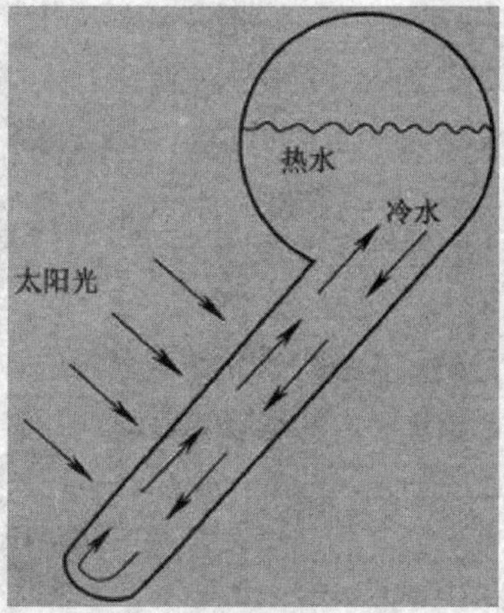

图4－2－7　真空管太阳能热水器工作原理

如图4－2－7所示，真空管太阳能热水器的工作原理比较简单：真空管与水箱连通，管内的水从涂层中吸热，使水温逐渐升高。由于冷水与热水的密度不同，冷水密度比热水密度大，冷水下沉，热水上升。在水箱中，热水始终位于上部，而下部的冷水不断进入集热管加热，周而复始地循环，使整个水箱内的水温逐渐升高。

此外，太阳能热水器中热水的升温情况与外界温度关系不大，主要取决于光照。使用时，热水器内的热水便依靠自然落差流出，落差越大，水压越高。

三、任务完成

太阳能热水器的常见故障及检修方法：

(1)晴朗的天气，水的温度却不高

故障原因：

① 热水器的上方有树木、高楼等遮挡物。

② 上水阀关不严，自来水(冷水)将水箱中的热水顶出来。

③ 水里的泥沙过多(如井水)，沉积在真空管内，影响集热和循环。

④ 当地空气污染严重，真空管表面有灰尘。

⑤ 集热器内积垢。

检修方法：

① 去掉遮挡物或者重新选择安装位置。

② 更换上水阀。

③ 拆开热水器，用清洁剂、净水冲洗(这种情况属于个例)。

④ 擦洗真空管就可以了。

⑤ 清除污垢。

(2)太阳能热水器漏水

故障原因：

① 集热管密封圈损坏。

② 水箱内胆焊缝开裂。

③ 热交换器支承焊接点开裂。

④ 电热孔余料未清理净或密封圈损坏。

⑤ 室内或室外某管件损坏。

检修方法：

① 更换集热管密封圈。

② 更换水箱。

③ 用电焊焊接修复。

④ 将电热孔余料清净或更换密封圈。

⑤ 检查具体位置并修理。

(3)水箱胀破、抽瘪

故障原因：

因为排气孔堵塞，当水进入或排出时，内部空气不能即时排出或得到补充，形成内外压力差，从而造成水箱胀破、抽瘪。

检修方法：

疏通排气孔。

(4)冬季下不来热水

故障原因：

① 上、下水管路冻结。

② 上、下水管道漏水。

③ 室外管路没有保温或保温材料连接处不严密。

④ 气阀不严。

⑤ 虹吸管漏气。

检修方法：

① 对管道进行保温，也可用电热防冻带(板)加热管道。

② 及时维修或更换出现漏水的水管。

③ 加厚室外管路的保温层。

④ 更换放气阀。

⑤ 更换虹吸管。

(5)热水器上不满水

故障原因：

① 上、下水管路断开。

② 室内或室外某管件损坏。

检修方法：

① 可增加一台增压水泵。

② 可重新连接或更换上、下水管路。

③ 更换损坏管件。

(6)上满水后，用水时无水或水少

故障原因：

① 真空管红硅胶圈处漏水。

② 上水管路与水箱连接部位漏水。

③ 止回阀损坏，同时球阀也损坏。

检修方法：

① 更换红硅胶圈。

② 连接好接头。

③ 更换止回阀、球阀。

(7) 上不满水后室外流水

故障原因：

① 真空管漏水。

② 上水管路断开。

检修方法：

① 更换真空管。

② 连接好上、下水管路或更换连接配件。

(8) 自动上水热水器上水不止

故障原因：

① 单管进、出水阀链子过长。

② 水质恶劣，极易生成水垢或有杂质积聚在阀芯上，使阀体关闭不严密。

③ 阀体本身损坏。

检修方法：

① 按标准长度截掉多余的链节。

② 加装带过滤网的止回阀。

③ 更换阀体。

(9) 自动上水热水器上水时，热水器内发出“呼呼”的响声

故障原因：

上水，当水箱快满时，如果水压过大，浮球上下浮动，会出现阀门突然一关一开的情况。当浮球阀突然关闭时，因阀门芯突然上提，自来水无法补充而形成空间真空，真空是声音传播的最佳介质，故会产生很大振动。

检修方法：

加装限流阀。

(10) 带辅助电加热的太阳能热水器不加热

故障原因：

① 实际水温高于定温继电器的跳开温度。

② 由于误操作使过热保护器跳闸。

③ 定温继电器损坏。

④ 电源线损坏。

检修方法：

① 加一点冷水，降低水箱内的水温，启动电加热。

② 排除故障后将过热保护器的手动小按钮按下。

③ 更换定温继电器。

④ 用万用表测量电源线是否已烧坏，特别是电源线的各个接头处，如有烧坏则更换

电源线。

(11)带辅助电加热的太阳能热水器的漏电保护插头送不上电

故障原因：

电加热系统漏电。

检修方法：

用万用表测量电热系统的每一个部件，确定哪个元件漏电，用新元件更换即可。

思考题

1. 简述太阳能热水器的基本结构。
2. 试分析天气良好，但太阳能热水器水温不高的故障原因。
3. 试分析带辅助电加热的太阳能热水器不加热的故障原因。

项目五　电磁炉的维修

一、任务名称

本任务名称是电磁炉的维修。电磁炉(.也称为电磁灶)是一种常用的厨电设备，它的功能和样式虽然繁多，但它们都是利用电磁感应(涡流)原理进行加热的电炊具，能进行煎、炒、烹、炸等多项烹调功能，使用非常方便。图5－1所示为不同样式的电磁炉。

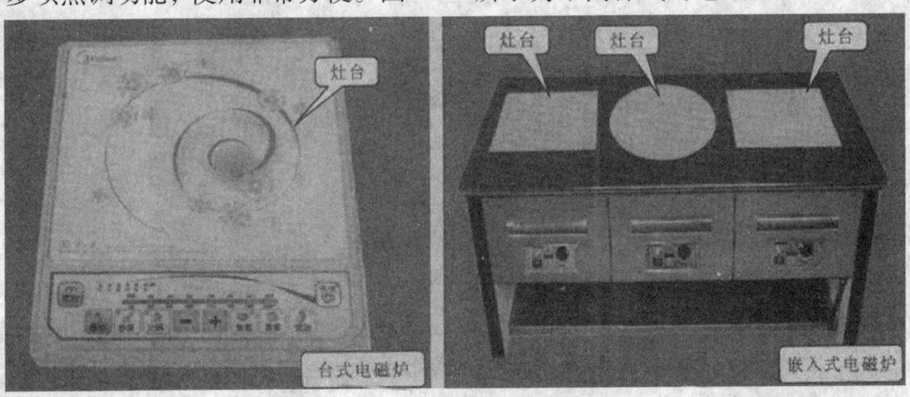

图5－1　样式不同的电磁炉

二、任务描述

1. 电磁炉的基本结构

(1)电磁炉的外部结构

图5－2所示为典型电磁炉外形结构，从图中可以看到电磁炉的上盖、底座、灶台面板、操作面板、铭牌标志、散热口等。

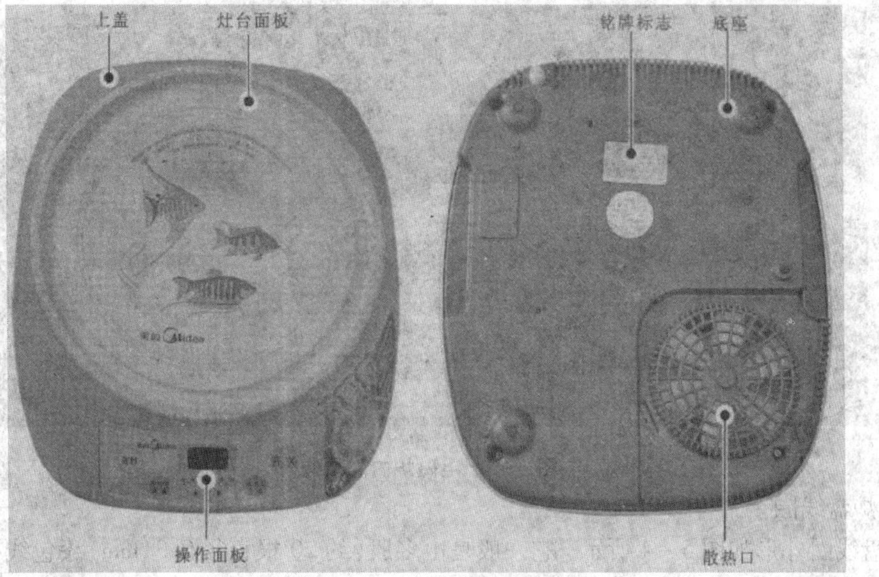

图 5－2　电磁炉外部结构

① 灶台面板：电磁炉的灶台面板多采用高强度、耐冲击、耐高温的陶瓷或石英微晶材料制成。其特点是在加热状态下，热膨胀系数小、径向传热、耐高温。

从外形上看，电磁炉灶台面板多为圆形和方形两种，灶台面板的颜色主要有印花板、白板和黑板三种。

通常，印花板和白板多为陶瓷板，这种材质耐热性能好、导热能力强且坚固耐用。而采用微晶技术的灶台面板多以黑色为主。这种微晶板与陶瓷板相比，导热能力更强、耐热性能更好、更加坚固，能抵抗尖锐器具的机械冲击，而且不易发黄或褪色，但其成本也比陶瓷板昂贵。

② 操作面板：在操作面板上一般都设有开关按键、温度调节设置按键，以及显示屏或其他功能控制键。

用户可以通过这些按键来实现对电磁炉的工作控制。操作面板上的显示屏可以显示出电磁炉的工作状态（显示屏一般只在中、高档电磁炉中可以看到，而低档的电磁炉无显示屏）。通常，显示屏可以分为荧光彩色显示方式、LCD 液晶显示方式和数码显示方式三种。除了可以显示工作状态外，显示屏在电磁炉发生故障时，可作为故障代码的显示窗口，提示用户当前电磁炉可能出现的故障原因，以便于进一步检查。

③ 散热口：在电磁炉的背面可以看到一块栅格式区域，从这里可以看到电磁炉内的风扇散热组件，主要是便于电磁灶散热的。

④ 铭牌标志：电磁炉的铭牌标识出厂家品牌、型号、功率等信息。

（2）电磁炉的内部结构

图 5－3 所示为电磁炉内部结构图。可以看到，它主要由炉盘线圈、门控管、供电电路、检测控制电路、操作显示电路、风扇散热组件等构成。

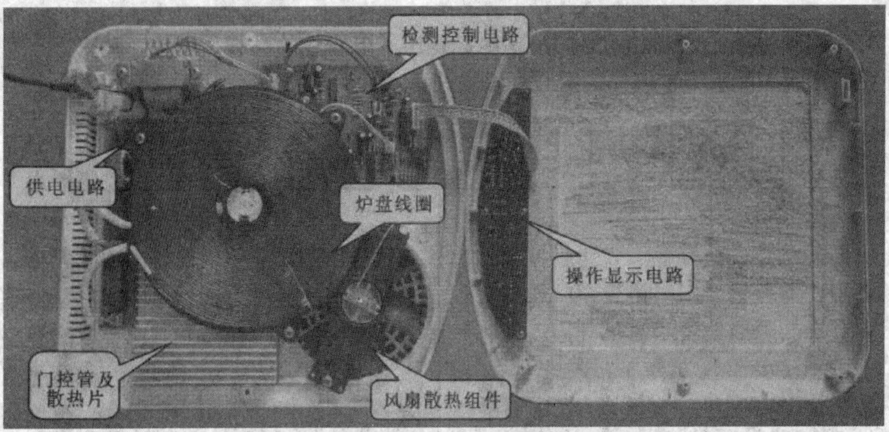

图 5-3　电磁炉内部结构

① 炉盘线圈

炉盘线圈外形如图 5-4 所示，它一般是由多股(约 20 根直径 0.31mm)漆包线拧合后盘绕而成，以适应高频大电流信号的要求，在使用和维修过程中要避免表面绝缘漆破损或短路、断路的故障出现。

在炉盘线圈的底部粘有 4～6 块铁氧体磁棒。因为电磁炉工作时，炉盘线圈产生的磁场会对下方的电路造成影响，所以线圈底部的这些磁棒起到的作用是吸收磁力线，减少磁场对电路的影响。

图 5-4　炉盘线圈外形

② 门控管(IGBT)

门控管又称绝缘栅双极晶体管(Insulated Gate Bipolar Transistor，简称 IGBT)，它可以看做是一个金属氧化物场效应管(MOSFET)和一个双极型晶体管(BJT)的复合结构。它克服了 MOSFET 功率管在高压大电流条件下，导通电阻大、输出功率低、元器件发热严重的缺陷，具有电流密度大、导通电阻小、开关速度快等优点，是极佳的高速、高压大功率器件。图 5-5 所示为门控管的实际外形及在电磁灶上的位置。门控管安装在散热片的下面，其引脚焊接应在电路板上。

门控管的功能是控制炉盘线圈的电流，它在高频脉冲信号的驱动下使流过炉盘线圈的电流形成高速开关电流，并使炉盘线圈与并联电容形成高压谐振，其幅度高达上千伏，所以在门控管处都安装有很大的散热片以利于门控管更好地散热。

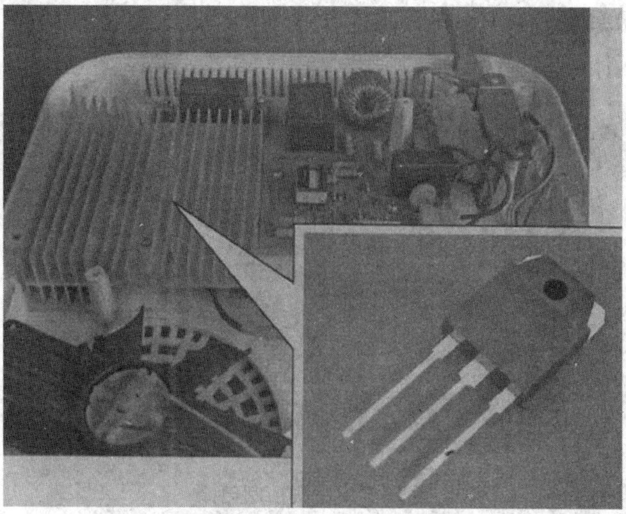

图 5－5　门控管及安装位置

③ 门控管的供电电路(功率输出电路)

门控管的供电电路实际上是电磁炉的功率输出电路。图 5－6 所示为电磁灶的供电电路板。220V 交流电压直接经桥式整流电路(又称桥式整流堆)变成直流 300V 电压，再经门控管、炉盘线圈及谐振电容形成高频、高压脉冲电流，通过线圈的磁场与铁质灶具的作用转换成热能，从而可进行煎、炒、烹、炸等炊饭。在交流输入电路中设有保险丝，进行短路保护，同时还设有滤波电路，防止外界的干扰。

由于电路的地线没有与交流输入隔离，因而地线有可能带交流高压(热底板)，在通电检测时要注意防止触电。

图 5－6　电磁灶的供电电路板

④ 直流电压供电电路

在电磁灶中还设有温度检测电路、电压和电流检测电路、脉冲信号产生电路、操作显示电路等，这些电路都需要低压直流供电(+5V、+12V、+18 V)。因此还需要一个提供低压直流的电源电路，传统的电路通常是经变压器降压，再整流、滤波、稳压后形成所需的直流电压；新型电路多采用开关电源供电。

⑤ 脉冲信号的产生和过压、过流、过热检测电路

图 5－7 所示是检测控制电路板。电磁炉的功率输出电路有专门的电路进行检测反馈，

以便实现自动控制功率大小输出，同时还具有过流、过压、过热检测，一旦出现异常，立刻使功率输出电路停止工作。

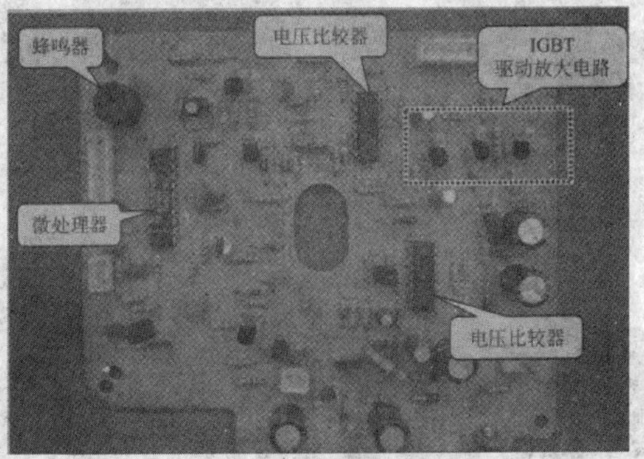

图 5－7　检测控制电路

⑥ 温度检测传感器

炉盘线圈和门控管上安装有温度检测传感器，常用的是具有负温度系数的热敏电阻。当温度过高时，温度检测传感器使脉冲信号产生电路停止工作，进行自我保护。如图 5－8 所示。

图 5－8　热敏电阻

⑦ 操作显示电路

图 5－9 所示是操作显示电路。操作显示电路是由操作按键、键控指令形成电路、微处理器、I/O 接口和显示电路等组成。它的功能是接收人工指令，并送给微处理器，由微处理器输出控制指令，实现各种功能操作。

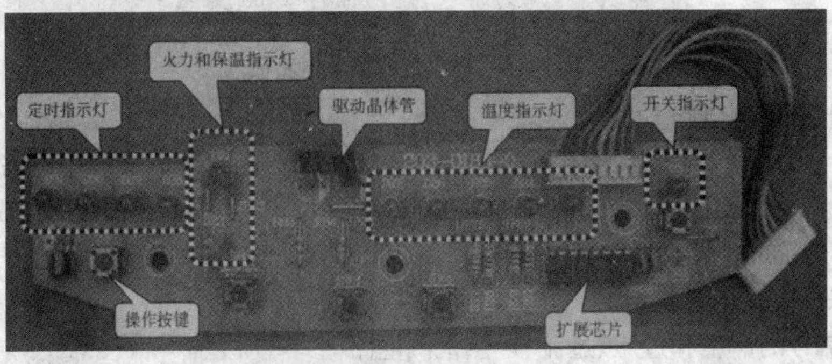

图 5－9　操作显示电路

⑧ 风扇散热组件

图 5 – 10 所示是风扇散热组件。电磁炉的能耗比较大，电子电路等器件不能过热，需要有良好的散热条件。在电磁炉内部设有风扇及驱动电路。通常风扇驱动电路是由微处理器控制的。电磁炉开机后风扇立即旋转，电磁炉停止工作后微处理器使风扇延时工作一段时间，将机壳内部热量散掉。

图 5 – 10　风扇散热组件

2. 电磁炉电路的工作原理

(1) 电磁炉整机电路方框图

图 5 – 11 所示是典型电磁炉整机电路方框图。电磁炉整机电路的工作过程如下：

交流 220V 的电压经交流输入电路进入电磁炉后，分为两路进行输送：一路经过整流滤波电路，转换成直流 +300V 电压送入功率输出电路；另一路经过直流电源电路输出所需低压直流电源，送入微处理器（MCU）控制电路及其他功能电路中，使其能够正常工作。

微处理器（MCU）控制电路，将接收到的操作显示电路输入的人工指令，经内部逻辑处理后，分别送给同步振荡电路和 PWM 调制电路，为 IGBT 驱动电路提供 PWM 信号，使功率输出电路产生交变磁场，对铁质软磁性炊具进行磁化，在炊具的底部形成涡流，将电能转化为热能，从而实现电磁炉加热功能。

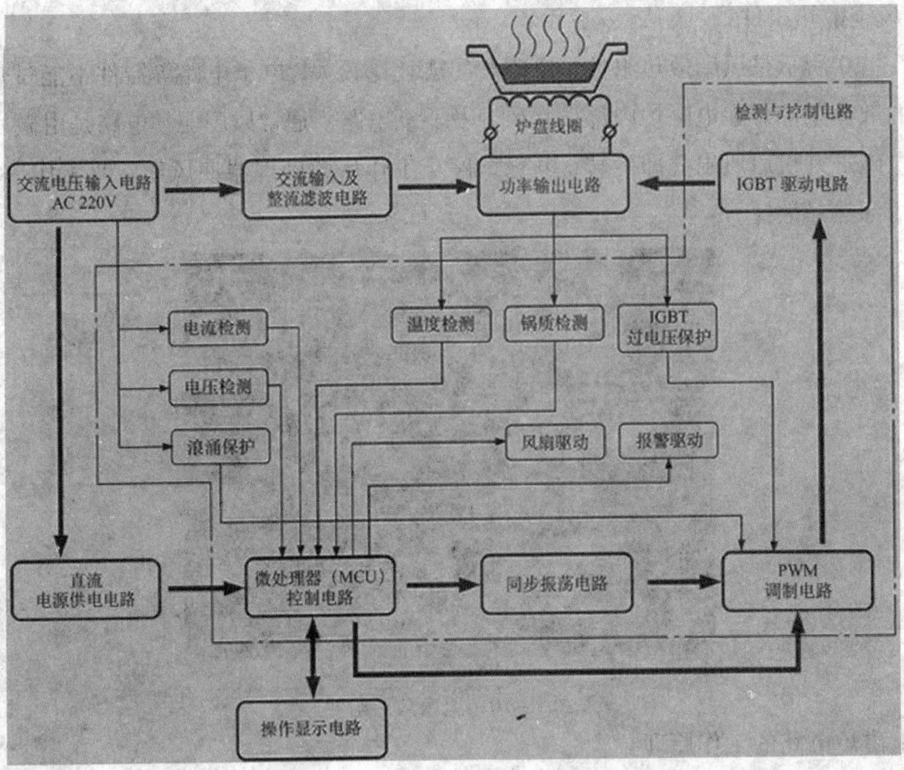

图 5－11　典型电磁炉整机电路方框图

(2)电磁炉各部分电路的工作原理

①供电电路工作原理

图 5－12 所示是电磁炉的供电电路原理图。

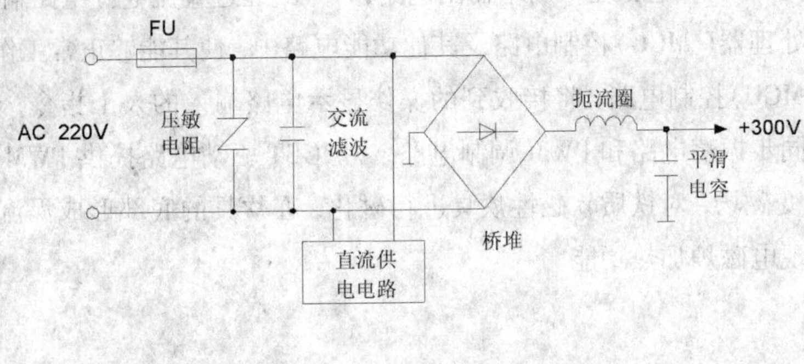

图 5－12　电磁炉供电电路

交流 220V 电压经交流滤波后：一路到直流供电电路，该电路有两种电路形式，一种是传统的用降压变压器降压，再整流滤波和稳压得到相应的直流电压（+5V、+12、+18V 等电压）；另一种是采用开关稳压电源获得相应的直流电压供控制电路。另一路经整流桥桥堆和滤波后形成 +300V 电压供功率输出电路。这个电路设有保护装置，有熔断器作短路保护，压敏电阻作过压保护；为了抗干扰和提高输出电压质量在交流输入端还设有交流滤波电容（2μF/220V），整流输出端设有扼流圈和平滑电容（5μF/400V）。图 5－13 为电磁炉供电电路实物图。

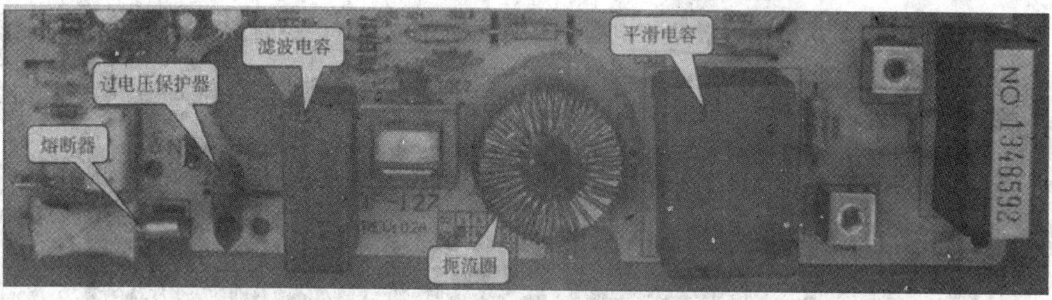

图 5－13　电磁炉供电电路实物图

②功率输出电路的工作原理

图 5－14 所示是电磁炉功率输出电路的工作原理图。

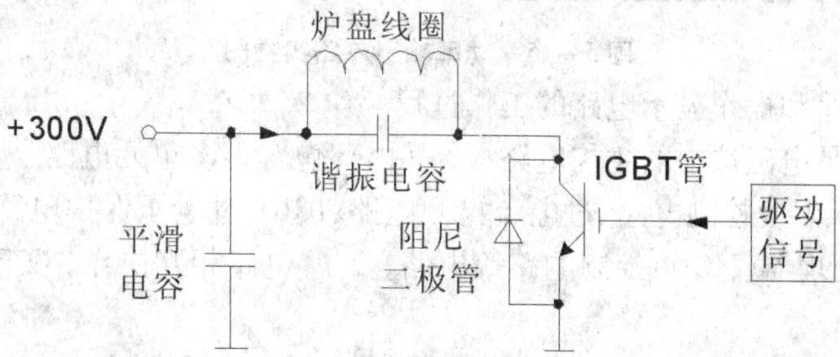

图 5－14　电磁炉功率输出电路

功率输出电路是由 IGBT 驱动电路送来的驱动信号进行控制的，其工作过程是由驱动电路送来的 PWM 驱动信号使 IGBT 工作在高频开关状态，同时，交流输入电路和滤波整流电路输出直流 +300V 电压为谐振电路供电，将电能转化成电磁能并由炉盘线圈辐射出去。由驱动电路送来的脉冲驱动信号对 ICBT 进行控制，高电平使 IGBT 导通，低电平使 IGBT 截止。IGBT 导通时，+300V 电压经炉盘线圈、IGBT 管到地形成回路，炉盘线圈产生感生电势；IGBT 截止时，炉盘线圈的感生电势反向并对高频谐振电容（0.2～0.3μF/1200V）充电，随后高频谐振电容又经炉盘线圈放电，形成谐振，由于阻尼二极管的存在，谐振电容不能被反向充电。当 IGBT 再次导通时，又重复上述过程，如此反复在炉盘线圈形成高频电磁波。高频电磁波穿过炊具时，在锅底产生强大的涡流，迅速发热，从而达到加热食物的目的。

另外，电磁炉输出功率大小是这样实现的：利用 PWM 驱动信号对 IGBT 管导通和截止的时间进行控制，可实现火力大小调节。即在一个驱动信号周期内，使 IGBT 导通时间越长，那么加热线圈输出功率就越大，反之，IGBT 导通时间越短，加热线圈输出功率越小。图 5－15 为功率输出电路实物图。

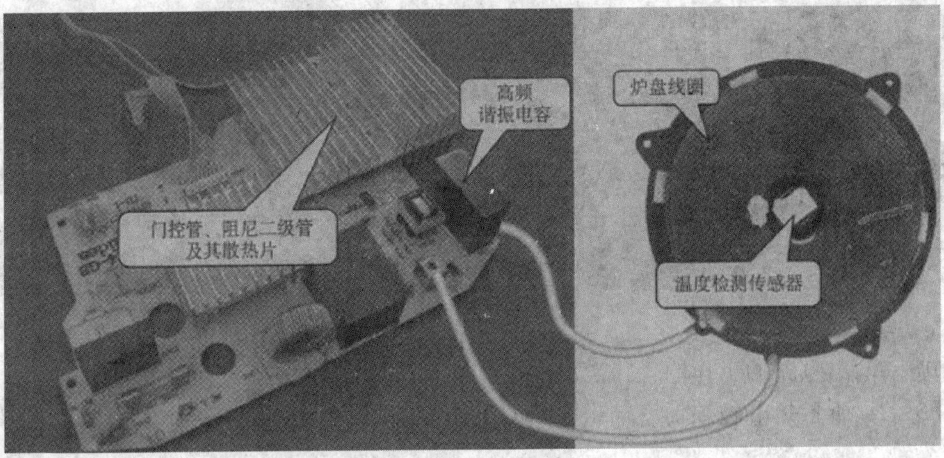

图 5－15　功率输出电路实物图

③检测控制电路和操作显示电路的工作过程

检测控制电路是电磁炉中的主控电路板，其内部包含很多单元电路，如过电压检测电路（电压比较放大器）、温度检测电路、过电流检测电路、IGBT 过电压保护电路、IGBT 驱动电路、同步振荡电路、微处理器（MCU）控制电路等电路，这些电路相互协作，实现电磁炉的检测与控制功能。

操作显示电路通过插件排线和检测控制电路相连，实现对电磁炉的启动、停止等控制功能。

接通电源，各检测单元电路无异常时，微处理器进入工作待命状态，等待操作显示电路输入的人工指令。如输入增加加热功率指令，该指令经微处理器内部逻辑处理后，分别送给同步振荡电路和 PWM 调制电路，为 IGBT 驱动电路提供 PWM 信号，经调制后该信号占空比增大，使得 IGBT 导通时间增长，输出电路功率增加即加热功率增加。当检测单元电路异常，如出现过压、过流、过温现象时，这些信息反馈到微处理器，微处理器停止工作，电磁炉进入保护状态；同时，一些故障代码会显示在操作面板的显示屏上，直到故障排除后，微处理器恢复正常工作。

综上所述，可以看出电磁炉整机电路是相当复杂的，哪一部分电路失常都可以引起整机不工作，因此了解电磁炉各种电路功能和控制关系是维修电磁炉的关键。

（2）电磁炉整机电路分析

图 5－16 所示是某品牌电磁炉电路原理图。

①交流电输入回路

交流电输入回路由电源插头、熔断器、消干扰电容 C1，压敏电阻 ZNR，电流互感器 TI 的初级绕组，泄放电阻 R22、R23 等组成。当电源插头插到 220V 电源的插座时，220V 电压经熔断器 Fl 加到消干扰电容 C1 上，由 C1 滤除电网中的高频杂波干扰。其一路经电流互感器 Tl 的初级加到桥堆 DB1 的交流输入端，而整流出 300V 电压；另一路经二极管 D21、D22 整流为低压电源提供工作电压。ZNR 为压敏电阻，其作用是当交流输入电压高于 260V 时，自身击穿短路产生大电流将熔断器烧坏，切断输入电压，保护后级元件不被高电压损坏。R22、R23 为泄放电阻，其作用是将电源插头拔掉时，将电容 C1 上储存的电荷经泄放电阻放掉，以免 C1 上储存的电压触及人体。

②低压整流稳压电路

低压整流稳压电路由二极管 D21、D22，限流电阻 R60，电感线圈 L4，电源集成电路 IC4、Z1、Dl、D23，互感线圈 L2、L3 和三端稳压集成电路 IC5 等组成。电磁炉接通电源后，220V 电压经 D21、D22 整流，R60 限流降压，L4、C20 滤波后获得比较平滑的 300V 左右电压。该电压加到电源集成电路 IC5 的 5 ~ 8 脚，电源集成电路 IC5 获得 300V 电压后，经内部电路动作从 1 脚输出脉冲电压，经 Dl 整流，互感线圈 L2、L3，电容 C33、C30 滤波后获得 24V 电压，为电磁炉控制电路提供工作电压。24V 电压经电阻 R61 降压加到三端稳压集成电路 IC4 的 1 脚，由三端稳压集成电路 IC4 稳压后从 3 脚输出 5V 电压，供 CPU 及辅助电路使用。在电路中，D23 将 24V 电压半波整流，C32 滤波得到的电压加到电源集成电路 IC5 的 4 脚为其内部电路提供工作电压，电源集成电路 IC5 的 3 脚为反馈输入端，外接 ZD1 及 C31 等元件。

③LC 振荡电路

LC 振荡电路由桥堆 DB1、扼流圈 Ll、300V 滤波电容 C28、炉盘线圈、高频谐振电容 C3 及功率管等组成。电源接通后 220V 电压经滤除干扰，由桥堆整流、C28 滤波后获得比较平滑的 +300V 电压。该电压经炉盘线圈加到功率管的集电极，为功率管提供工作电压。当功率管的基极加上开关脉冲电压时，功率管饱和导通，+300V 电压经炉盘线圈产生电流，以磁能形式储存在炉盘线圈上。当功率管基极上的开关脉冲电压消失时，功率管截止，由于炉盘线圈的感抗作用，线圈中的电流不能立即变为 0，便向谐振电容 C3 充电。当线圈中的能量全部转移到电容 C3 的两端时，线圈中的电流变为 0，此时谐振电容 C3 两端电压为左负右正，功率管集电极上的电压为电源电压与电容 C3 上的电压之和。功率管集电极电压达到最高即峰值逆程电压。这时 C3 上电压又经线圈反向放电，当谐振电容 C3 上的能量全部转移到线圈上时，谐振电容 C3 两端电压为左正右负，功率管集电极上的电压最低。此时功率管基极上又加有开关脉冲电压，功率管又饱和导通，重复上述过程，即在 LC 电路中形成高频振荡，对电磁炉进行加热。

上述过程表明:在 LC 高频振荡电路的一个周期中，只有功率管导通时，+300V 电压才对炉盘线圈提供能量，功率管的导通时间越长，线圈可得到的能量越大。要改变电磁炉加热功率的大小，只需改变功率管的导通时间，即改变可加在功率管基极的开关脉冲宽度。在 LC 高频振荡电路中，炉盘线圈中的能量全部转移到谐振电容 C3 两端时，是出现峰值脉冲电压的时间，同时也是功率管的截止时间，即开关脉冲没有加到功率管基极的时间。电磁炉在正常工作时，这个时间关系不能错位，若功率管集电极上的峰值脉冲没有消失时，功率管基极所加的开关脉冲提前加到功率管，就会出现很大的导通电流而使功率管烧坏。要保证功率管的安全，必须使功率管基极所加开关脉冲的前沿与集电极峰值逆程脉冲消失的后沿保持同步。

④同步电路

同步电路由集成电路 IC3C 和其外围元件组成，其信号源取自高频谐振电容 C3 的两端。+300V 电压经电阻 R44、R45 降压与 R58 分压接 IC3C 的 9 脚同相输入端。功率管集电极上的电压经电阻 R46、R47 降压与 R59 分压接 IC3C 的 8 脚反向输入端。IC3C 的 14 脚输出端接振荡电路 IC3D 同相输入端。同步电路的主要作用是使电磁炉在不同的功率状态下工作，同步电路检测出的同步信号控制振荡电路输出的锯齿波驱动信号，该锯齿波驱动信号加到功率管的基极使功率管的工作状态与炉盘线圈的状态保持协调同步。当功率管饱和导通时，+300V 电压端大于功率管集电极电压端，IC3C 的 9 脚电压大于 8 脚电压，14 脚输出高电位并加到振荡电路，并输出振荡锯齿驱动信号，使功率管继续导通。当功率管截止时，+300V电压端小于功率管集电极电压端，IC3C的9脚电压小于8脚电压，14脚输出低电平，此时振荡电路无锯齿波驱动电压输出，维持功率管的截止状态。上述过程表明，同步检测电路输出的控制信号可保证功率管基极所加的开关脉冲前沿与集电极上峰值脉冲的后沿保持协调同步。

⑤振荡电路

振荡电路主要由集成电路IC3D和其外围元件组成。IC3D的10脚外接元件有R54、R53、VD7、R50、C18等。电容C18为振荡锯齿波形成电容，IC3D的11脚外接元件有D20、D16、R55、R57、C17等。11脚接CPU14脚输出PWM脉宽控制电压与IC3C的同步检测输出端电压。13脚外接元件有R51、R50、R52和D19，13脚输出振荡锯齿渡驱动电压。当CPU输出的PWM脉宽控制电压加到IC3D的11脚电压时，使11脚电压大于10脚电压，13脚输出锯齿波电压，使二极管D19截止。此时+24V电压经R53、R54向C18充电，当C18上的充电电压大于11脚电压时，IC3D的内部比较器翻转，13脚输出低电压，而无锯齿波电压输出。C18上的电压经R54、D19放电，当C18放电到一定时，IC3D的10脚电压小于11脚电压，13脚为高电平并输出锯齿波电压，D19截止。+24V电压又经R53、R54对C18充电，如此循环形成振荡。上述过程中IC3D的ll脚电压越高，13脚输出振荡锯齿波的幅度越宽，电磁炉的加热功率就越大，即10脚外接C18的充电时间越长，功率管导通时间越长，电磁炉的输出功率也就越大。相反，电磁炉的输出功率会越小。所以CPU通过调节PWM脉宽控制电压的大小，来控制IC3D的10脚外接C18的充、放电时间，从而控制功率管的导通与截止。

⑥驱动电路

该机驱动电路采用了集成电路IC2(TA8316AS)，其外部元件比较少，集成电路IC2的l脚为驱动脉冲输入端，2脚为+24V供电端，3脚为空脚，4脚为接地端，5脚外接R48，6脚外接R49，7脚输出驱动电压加到功率管的基极。该电路的主要功能是将振荡电路输出的几伏锯齿波驱动电压加以放大提高到几十伏，并加到功率管的基极，使功率管处于良好的导通与截止状态。

⑦功率管高压保护电路

功率管高压保护电路由三极管Q5和其外围元件组成，VT5的基极外接元件有R34、R35、R39、C29等元件。功率管集电极上的电压经R34、R35与R39分压，加到Q5的基极，Q5的集电极经R38接5V电压，发射极外接R16、C13同时发射极输出保护电压加到CPU的7脚。该电路主要作用是电磁炉工作时，时刻检测功率管的集电极电压，当某种原因造成功率管集电极电压接近额定电压时，该高电压经R34、R35与R39分压，加到Q5的基极，使Q5导通。Q5导通后在发射极上获得的取样保护电压加到CPU的7脚，此时CPU根据7脚电压的变化，使14脚输出PWM脉冲控制电压降抵，使功率管的导通时间变短，集电极的逆程峰值电压下降，保护功率管不因峰值脉冲电压过高而损坏。

⑧过载检测电路

过载检测电路由三极管Q4及其外围元件和集成电路IC3B等组成。Q4的基极外接R36、R37、R4、C27、D18等元件，同时Q4的基极接集成电路IC3B的2脚输出端。Q4的集电极经R40接+5V电压，发射极外接R6、C10，同时发射极输出检测电压加到CPU的8脚。当振荡电路由于某种原因造成振荡锯齿脉冲电压大于集成电路IC3B的4脚基准电压时，2脚输出高电平，并加到 Q4 的基极，经 Q4 放大由发射极输入到 CPU 的 8 脚，CPU 根据 8 脚电压的变化，确认电磁炉出现异常，输出保护关机指令信号。当功率管集电极电压出现异常时，此高电压经 R36、R37、R41 分压并加到 Q4 的基极，由 Q4 放大加到 CPU 上实现过载保护。

⑨ +300V 电压保护电路

+300V 电压保护电路由集成电路 IC3A 和其外围元件构成。5V 电压经电阻 R27、R28 分压加到 IC3A 的 7 脚作为内部比较器的基准参考电压。+300V 电压经 R24、C23、R25、R26、C25、R29 加到 IC3A 的 6 脚，为检测电压保护输入端。IC3A 的 1 脚为 +300V 电压保护信号输出端，并加到 CPU 的 21 脚。电磁炉正常工作时，IC3A 的 6 脚检测电压小于 7 脚基准参考电压，内部比较器截止，1 脚高电平加到 CPU 的 21 脚，CPU 根据 21 脚正常的控制信号，不影响电磁炉对锅具加热。由于某种原因使 +300V 电压高于正常值时，IC3A 的 6 脚检测电压大于 7 脚基准电压而使比较器翻转，l 脚输出的低电平，此时加到 CPU 的 21 脚，此时 CPU 检测到 21 脚电压的变化时输出关机保护信号，使电磁炉不因电压过高而损坏。

⑩开关控制电路

开关控制电路由三极管 Q2 和其外围元件 R13、R14 组成。Q2 的基极经电阻 R13 接 CPU 的 19 脚，集电极接地，发射极接驱动集成电路的 1 脚驱动电压输入端。电磁炉通电在待机下，CPU 的 19 脚输出低电平并加到 Q2 的基极，使 Q2 导通，将振荡电路输出的锯齿波驱动电压短路到地，功率管因无驱动电压而截止。当用户操作面板按键使电磁炉处在开机时，CPU 的 21 脚输出高电平，使 Q2 截止，对驱动脉冲电压无影响，电磁炉正常工作。

⑪电流检测电路

电流检测电路由电流互感器 T1，整流二极管 Dl0 ~ D13，电阻 R21、R26、Rl1、R15、VR1 及电容 C6、C12、C21 等元件组成。其主要功能是时刻检测电磁炉的工作电流，将检测到的电压加到 CPU 上，CPU 根据检测到的电压，自动调整输出 PWM 脉宽控制电压，来控制功率管的导通与截止。电磁炉正常工作时，电流互感器的初级绕组有电流通过，在次级绕组感应得到的交流电压经 R21、VR1 分压，C6 滤除干扰，由 Dl0 ~ D13 整流输出电流检测电压，经 Rl1 加到 CPU 的 10 脚，CPU 根据 10 脚检测到的电压大小，可判断电磁炉整机工作电流的大小。

⑫过零检测电路

过零检测电路由 R18、C4、R5、R4、D3、D4 等元件组成，其主要作用是检测交流电零点漂移产生的方波脉冲是否会对电磁炉造成损坏。其信号源取自交流电输入回路，检测电压加到 CPU 上，CPU 根据检测到的电压变化，输出关机保护信号。电磁炉通电工作后，交流电的正弦波电压处于上下半周时，产生的脉动电压经 R18、R5 分压，C4 滤波又经 R4 取样加到 CPU 的 12 脚。当正弦波电压处于上下半周过零时，C4 上无分压电压，D3 处于反偏截止。如此反复循环，在 C4 上形成了与电源过零点相同步的方波脉冲信号，经 R4 加到 CPU 的 12 脚，CPU 通过检测该方波信号的变化，输出相应的动作指令。

⑬ PWM 脉宽调控电路

PWM 脉宽调控电路比较简单，由电阻 R9、R12，电容 C11 组成。其主要功能是将 CPU 输出的方波脉冲信号经该电路积分平滑后，变成相应的直流电压加到振荡电路与同步电路。当 CPU 输出的 PWM 脉冲宽度越宽时，经 PWM 脉宽调控电路积分平滑后加到振荡电路的电压就越高相应地驱动脉冲电压就越大。功率管的导通时间会越长，电磁炉的加热功率越大。当 CPU 输出的 PWM 脉冲宽度变窄时，经 PWM 脉宽调控电路积分平滑后的电压变小，使电磁炉的加热功率变小。

⑭锅具温度检测电路

锅具温度检测电路由热敏电阻 RT2，电阻 Rl、R2，电容 C2 等组成。电路中的 R2 与 C2 的连接处为检测电压输出端，并加至 CPU 的 1 脚。该电路的主要作用是通过热敏电阻时刻检测加热锅具和炉面温度。当电磁炉的锅具温度升高时，热敏电阻 RT2 的阻值会变小，相反锅具温度降低时，热敏电阻 RT2 的阻值会变大。热敏电阻的阻值变化会使 CPU 的 1 脚电压发生变化，CPU 根据 1 脚电压的变化，可判断加热锅具的温度变化。

⑮功率管温度检测电路

功率管温度检测电路由热敏电阻 RT1、电阻 R19、电容 C22 等组成。电路中 R19 与 C22 的连接处为检测电压输出端加至 CPU 的 2 脚。该电路的主要作用是电磁炉工作时，通过热敏电阻 RT1 时刻检测功率管工作温度的变化，保证功率管不因温度过高而损坏。该热敏电阻为负温度系数特性，它的阻值随温度的升高而下降，当功率管温度升高时，热敏电阻 RT1 的阻值变小，CPU 的 2 脚电压升高，CPU 根据 2 脚电压的变化，输出相应的 PWM 脉宽控制电压，控制功率管的导通时间，使功率管的温度保持在一定范围内。

⑯风扇驱动电路

风扇驱动电路由三极管 Q3、R7、R8 组成。Ql 的基极经电阻 R7 接 CPU 的 20 脚，发射极接地，集电极经插座 CN2 接风扇。该电路的主要作用是通过 CPU 输出的风扇驱动电压，控制风扇的运转，并使电磁炉内部元件的热量排放到电磁炉外部，使内部元件不因温度的过高而出现异常。电磁炉工作时，CPU 的 20 脚输出驱动电压，此驱动电压经电阻 R7 加到 Q3 的基极，Q3 饱和导通，风扇内有电流通过而运转。

⑰电磁炉 CPU 的各引脚功能如下表所示。

引脚	功能	引脚	功能
1	锅具温度检测控制端	13	蜂鸣器驱动电压输出端
2	功率管温度检测控制端	14	PWM 脉宽控制电压输出端
3	面板控制	15	复位端
4	面板控制	16	+5V
5	面板控制	17	时钟振荡端
6	面板控制	18	时钟振荡端
7	功率管高压保护输入端	19	开关控制电压输出端
8	过载检测电压输入端	20	风扇驱动电压输出端
9	低压保护输入端	21	过压检测电压输入端
10	电流检测电压输入端	22	面板控制
11	内部电路接地端	23	面板控制
12	过零检测输入端	24	面板控制

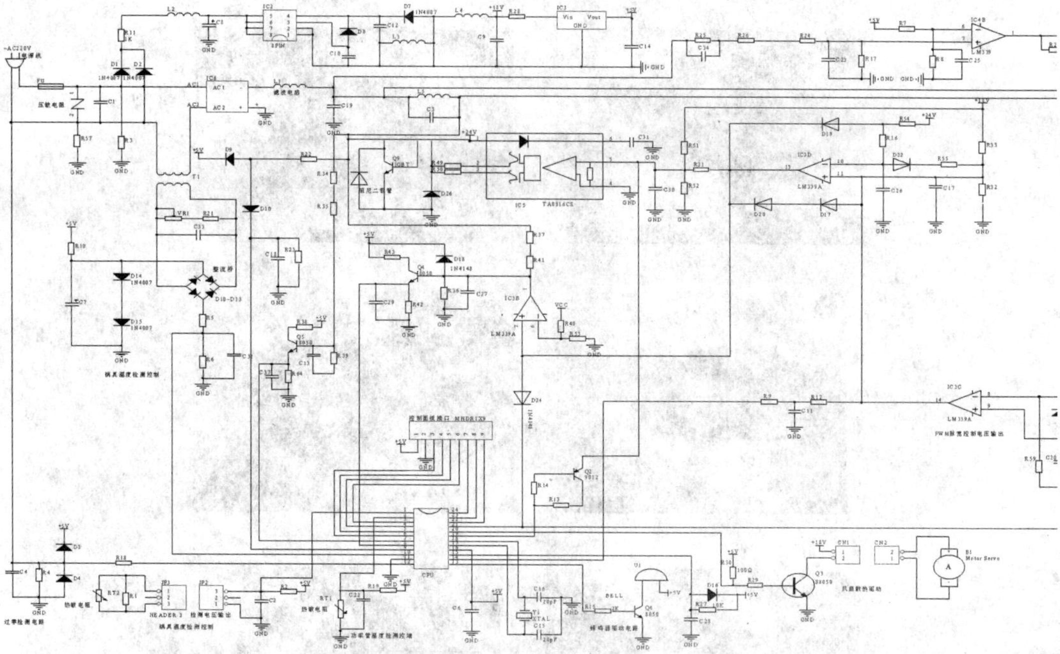

图 5－16　某品牌电磁炉整机电路原理图

三、任务完成

1. 电磁炉的拆卸

电磁炉的拆卸可按下列步骤进行，如图 5－17 所示。

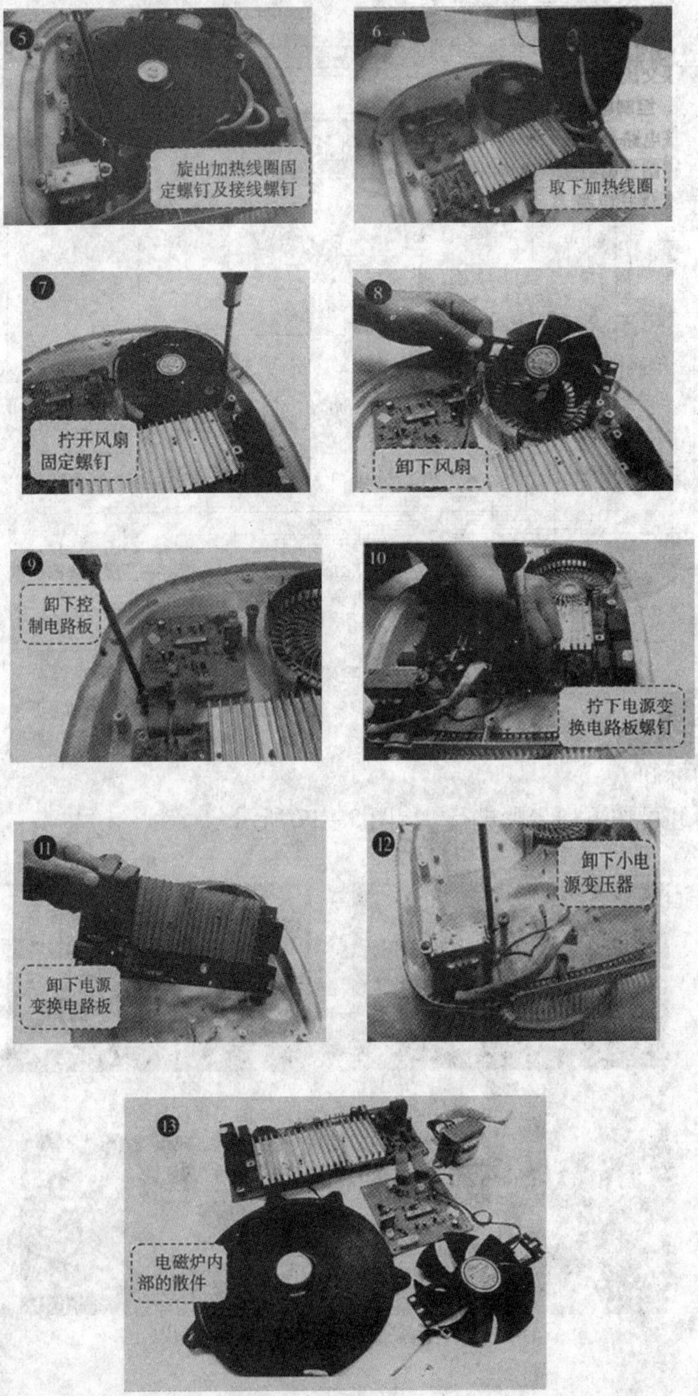

图 5－17　电磁炉的拆卸步骤

2. 电磁炉的组装

电磁炉的组装基本按照拆卸的反过程进行。

3. 电磁炉的常见故障及检修方法

电磁炉通常是由电源供电及功率输出电路、控制电路、操作显示电路板等部分组成，这些电路有着各自的特点及其工作方式，当出现故障时，也就有着各自的特点。因此，深入了解电磁炉的基本结构、工作原理是维修电磁炉的基础。从前面章节所学的内容知道，电磁炉的电路结构比较复杂，而且生产厂商销售电磁炉时不提供整机电路图纸和维修资料，这就给维修带来一定的难度，但是电磁炉故障特点却有一定的共性，也都有相似的故障现象。下面就一些常见故障提出分析排除方法。

(1)通电无反应(熔断器严重烧坏)

故障分析:电磁炉出现熔断器严重烧坏的现象，一般是因主回路和低压电源电路上元件出现短路击穿所致。

排除方法:

① 打开电磁炉，首先观察压敏电阻的表面是否有烧焦、烧黑等现象，若有，则为压敏电阻损坏，表明电网电压过高时击穿，用同规格元件代换即可。

② 若压敏电阻正常，应用万用表检查电源消干扰滤波电容是否有击穿短路或漏电现象。

③ 若以上电路元件都正常，应继续检测整流桥和功率管 IGBT 是否击穿短路，若这两个元件损坏，还要检查 +300V 滤波电容和高频谐振电容是否出现异常。

④ 若电源主回路上的元件都正常，则表明为低压供电电路上有元件对地击穿短路损坏，引起主回路上的电流过大，而使熔断器损坏。

提示:若检修中发现功率管击穿短路现象，还应着重检查整流桥是否也已损坏，因为功率管损坏时，相当于把 +300V 电压接地，导致整流桥因负载电流过大而击穿损坏。

(2)上电不开机(熔断器良好)

故障原因分析:若电磁炉不开机而熔断器未损坏，则表明其故障原因在低压电源电路、时钟振荡电路及主控集成电路(微处理器)。

排除方法:

① 低压电源电路的检测。首先通电待机下，测量 +5V、+18V 电压是否正常，其中 +5V 给微处理器等供电，+18V 给驱动控制电路、风扇电路供电。若无电压，则低压电源电路中可能有电路虚焊或元件损坏。

② 晶振电路检测。晶振电路是微处理器工作的唯一时基脉冲，该电路不正常时，微处理器将无法工作，导致电磁炉不能正常开机。用同规格的晶振替换原电路的晶振，通电试验，若故障依旧没排除，则表明微处理器损坏。

(3)屡烧功率管

故障原因分析:电磁炉出现此类故障，表明控制电路和保护电路出现异常，该故障涉及的电路比较多，可逐个对单元电路进行分析检测。

排除方法:

① 主电源 300V 供电的检测。首先检查整流桥的引脚、扼流线圈引脚、加热线盘接线柱的引脚及功率管集电极是否与电路板之间出现虚焊或接触不良现象，而导致功率管集电极 +300V 电压不稳定，而被浪涌电压击穿短路。通电待机下，若测量功率管集电极 +300V 偏低，应检查整流桥是否性能不良(内部二极管正向阻值变大)，+300V 滤波电容是否容量变小或失效变质，使 +300V 电压中含有大量的干扰脉冲，导致功率管截止期间，瞬间产生的反峰值电压较高，且超过功率管的耐压值，未等过压保护电路动作便可将功率管击穿损坏。

② 在通电待机下检测低压 18V 供电路是否正常。若测得 18V 电压偏低，则表明低压电源电路出现异常，使功率管因激励电压不足而损坏。

③ LC 振荡电路的检测。将高频谐振电容从电路板上拆下，用数字万用表测量该电容容量是否正常。若有异常，用同规格电容进行代换即可(谐振电容容量的大小决定 LC 振荡回路的截止时间的长短，因此必须采用相同容量的电容更换，否则不仅会产生加热异常、功耗大，甚至产生功率管损坏的故障)。

④ 功率管温度检测电路的检测。因功率管正常工作时，要散发出很大的热量。若温度检测电路出现异常，在功率管超高温时，微处理器不能检测而进行保护，导致功率管因温度过高而击穿短路损坏。应检查该电路中的功率管温度检测热敏电阻阻值是否正常(该元件为负温度系数，在常温 25℃时阻值应为 100KΩ 左右，在实际测量中，若测得阻值有少许偏差，都属于正常现象)，或用电烙铁对其加热时，温度热敏电阻的阻值是否有明显变小。若检查为热敏电阻损坏，可用同规格元件进行代换。

⑤ 同步控制电路的检测。测量同步控制电路(多采用集成电路 LM339)供电是否正常，同步取样电阻是否损坏，用同规格元件进行代换即可排除故障。同步电路失去控制功能，造成 LC 振荡电路与功率管驱动脉冲不同步，使功率管被高压击穿。

⑥ 检查功率管 C 极过压保护电路(多采用集成电路 LM339 检测)。有可能相关控制电路或外围元件损坏。

⑦ 检查浪涌保护电路(多采用集成电路 LM339 检测)。

⑧ 驱动电路的检测。功率管控制极电压过高或过低时，使激励电压异常而损坏。因驱动电路直接控制功率管的控制极，功率管损坏。

⑨ 电流检测电路的检测。因微处理器是根据电流检测电路的取样电压值来输出 PWM 脉冲控制电压，所以若电流检测电路中元件出现异常时，会导致电流取样电压值偏高，微处理器 I 根据此电压将 PWM 脉冲控制电压输出较高，电磁炉加热功率大，使功率管因功耗过大而击穿短路。

⑩ 加热线盘的检测。检查加热线盘是否出现短路现象，若有短路现象，将使功率管输出负载加大而损坏。若加热线盘损坏，用同规格加热线盘代换即可。

此外，控制集成电路及微处理器身性能不良或损坏，也可能会导致功率管击穿损坏。

(4)不检测锅具

故障原因分析:电磁炉出现此类故障时，首先检查使用的锅具是否正确，若锅具正确，则可能是同步控制电路、电流检测电路、高低压供电电路、PWM 驱动电路异常所致。上述电路的检查方法在“屡烧功率管”中有描述，不再重复。

(5)开机蜂鸣器长鸣一声就自动关机

故障原因分析:上述故障表明微处理器因输出保护信号而关机。引起微处理器故障保护的电路有电压检测电路、锅具温度检测电路、功率管温度检测电路等。重点检测这些电路。

(6)开机蜂鸣器响一声，但无法开机

故障原因分析:微处理器因工作条件不具备而不能执行开机指令信号。

排除方法:

① +5V 供电是否正常。

② 显示板按键是否正常。

③ 晶振是否良好，可用替换法测试。

④ 微处理器损坏。

(7)工作几分钟后自动关机，并报警功率管温度过高

故障原因分析:电磁炉出现此类故障表明机内部出现高温现象，应重点检查散热风扇以及风扇驱动电路是否正常。

(8)工作时出现间歇加热

故障原因分析:此类故障涉及的电路锅具温度检测电路、功率管温度检测电路、浪涌保护电路、电流检测电路、高压保护电路及电压检测电路。上述电路检测方法不再重述。

思考题

1. 简述电磁炉的基本结构。
2. 画出电磁炉电路组成框图，说明其工作原理。
3. 简要说明电磁炉温度检测传感器的物理特性及作用。
4. 简要说明功率输出电路的工作原理。
5. 电磁炉有哪些功能检测电路?
6. 试分析电磁炉上电不工作故障原因，写出分析报告。
7. 试分析电磁炉屡烧 IGBT 功率管的故障原因，写出分析报告。

项目六　液晶电视机的维修

一、任务名称

本任务名称是液晶电视机的维修。近年来，国内彩电市场结构发生了深刻变革，不同技术类型彩电市场份额和地位出现明显变化，平板电视发展迅猛，尤其是液晶电视全面扩张，成为电视机市场主流产品，有取代 CRT 电视之势。本次任务重点介绍液晶电视基本结构、拆卸和维修方法。

二、任务描述

1. 液晶电视机的基本结构

(1) 液晶电视机的外部结构

以 TCL 液晶电视机 L32C12/MST6M181 机型为例，其外部结构有液晶屏、底座、后盖等。如图 6－1 所示。

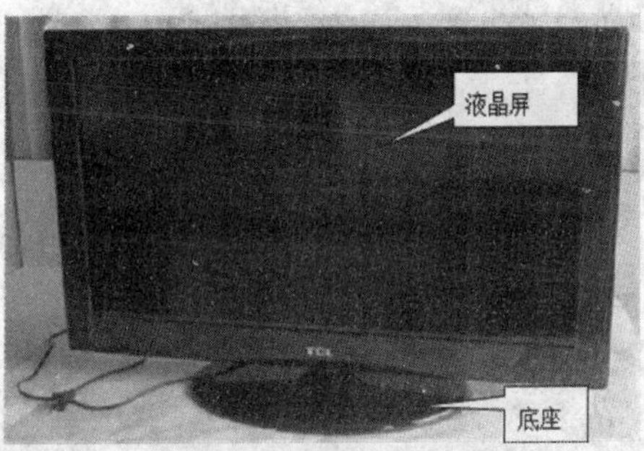

液晶电视机的正面结构

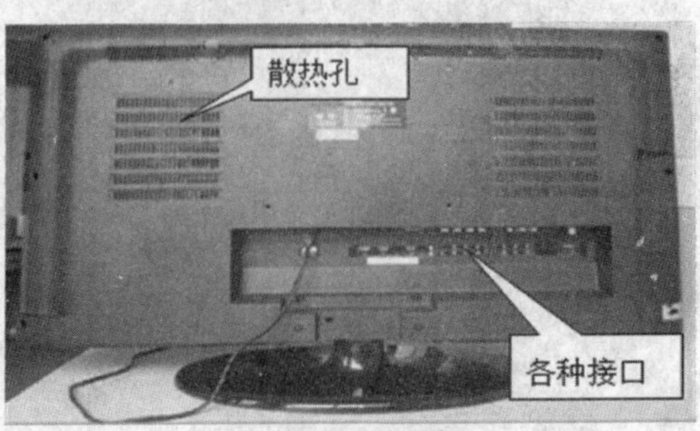

液晶电视机的背面结构

液晶电视机的侧面结构

图 6－1　液晶电视机的外部结构

(2)液晶电视机的内部结构

如图 6－2 所示，液晶电视机的内部主要由电源板、主板、升压板三块电路板组成。

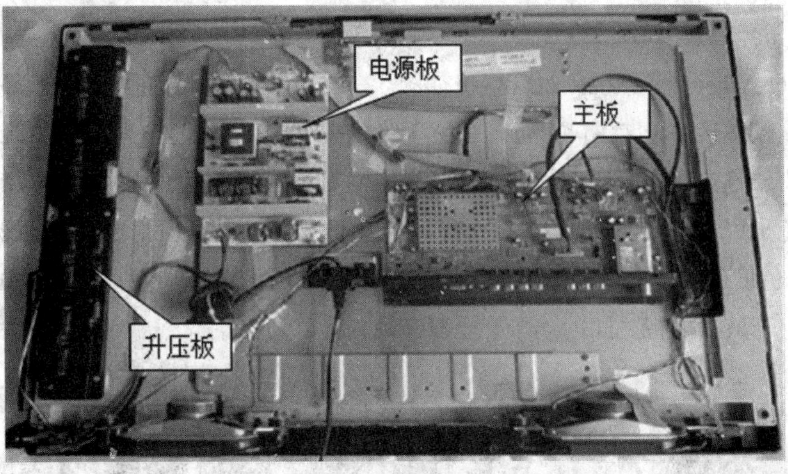

图 6－2　液晶电视机的内部结构

2. 液晶电视机的常用接口

液晶电视是一台显示设备，需要有信号源提供图像信号才能够显示各种各样的画面。液晶电视和信号源间要通过接口来实现对接并传输信号，不同的信号源存在不同的接口类型，因此液晶电视通常会配备多组不同的接口供用户选择使用。

液晶电视常见的接口有：AV 复合视频接口，S 端子接口，色差分量接口，VGA(视频图形阵列)接口，HDMI(高清多媒体接口)，RF(射频)输入接口，USB 接口等。

TCL 液晶电视 L32C12/MST6M16 机型主板各种接口如图 6－3 所示。

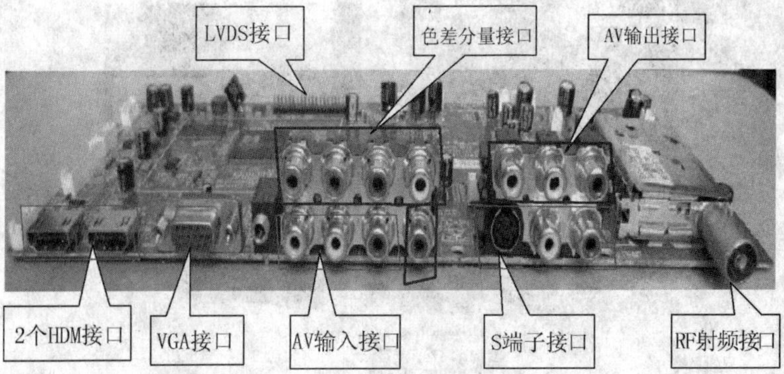

图 6-3　L32C12/MST6M16 机型主板各种接口

液晶电视机常用的输入输出接口有：

(1)AV 复合视频接口

AV(Audio Video)音频视频复合接口如图 6-4 所示，它是目前在视听产品中应用得最广泛的接口，属模拟接口，该接口由黄、白、红 3 路接头组成(俗称莲花头，黄色接头传输视频信号，白色接头传输左声道音频信号，红色接头传输右声道音频信号，实现了音频和视频的分离传输，避免了因为音/视频混合干扰而导致的图像质量下降，但由于传输的视频信号仍然是一种亮度/色度(Y/C)混合的信号，从而影响最终输出的图像质量。目前我国城镇广泛应用机顶盒，它与液晶电视之间的连接几乎都用 AV 接口。

图 6-4　AV 复合视频接口

(2)S 端子接口

S 端子，即分离式影像(Separate ideo,S-Video)端子，如图 6-5 所示。由日本开发的一种连接规格，是一种五芯接口，由两路亮度信号 Y、两路色度信号 C 和一路公共屏蔽地线共五条芯线组成。与 AV 接口相比，传输的信号不再是色度与亮度的混合信号，从而有效避免了色度与亮度信号相互干扰而产生的图像失真，极大地提高了图像的清晰度。

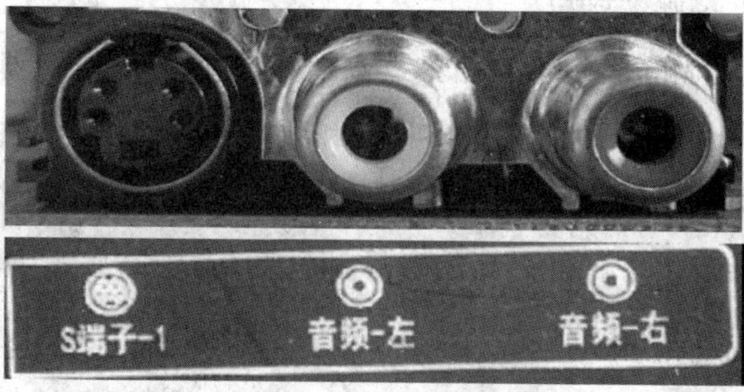

图 6－5　S 端子接口

（3）色差分量接口

色差分量接口见图 6－6，是模拟接口，本身不传输音频信号，只传送 480i/480p/576p/720p/1080i/1080p 等格式的视频信号，其采用 YPbPr（逐行扫描色差输出）和 YCbCr（隔行扫描色差输出）两种标识，是目前各种视频输出中较好的一种，通常利用 3 根信号线分别传送亮度信号和两路色差信号。这 3 组信号分别如下：亮度标注为 Y，从三原色信号中的两种（蓝色和红色）去掉亮度信号后的色彩差异信号分别标注为 Pb 和 Pr（或者 Cb 和 Cr）；在 3 条线的接头处分别用绿色、蓝色、红色进行区别。

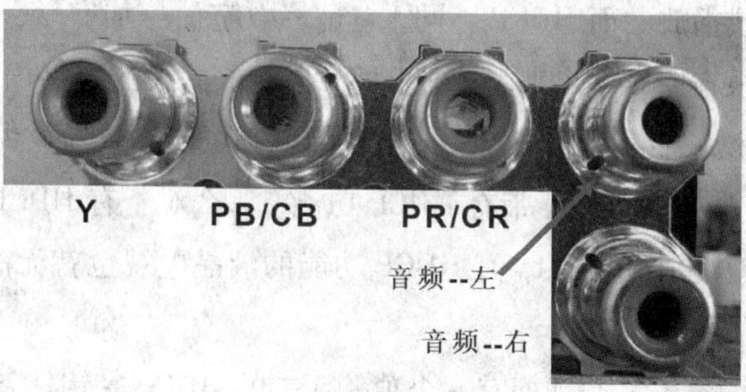

图 6－6　色差分量接口

（4）VGA 接口

VGA（Video Graphics Array 视频图形阵列）接口见图 6－7，也叫 D－Sub 接口，常见的接口有 9 引脚和 15 引脚。15 引脚的梯形插头分成 3 排，每排 5 个，传输模拟信号。其采用非对称分布的 15 引脚连接方式，只传输视频信号。将显存内以数字格式存储的图像（帧）信号在 RAMDAC 里经过模拟调制成模拟高频信号，然后再输出到显示设备成像。VGA 接口的特点是单独对图像信号进行传输，主要用于与卫星接收机顶盒、计算机主机、数字机顶盒相连接。

图 6－7　VGA 接口

(5)HDMI 高清晰度多媒体接口

HDMI(High Definition Multimedia Interface, 高清晰度多媒体接口)是新一代的多媒体接口标准，为 19 针数字接口，可以同时传输数字视频和数字音频信号，见图 6-8。它的特点是：只需要一条线缆，就能同时传输视频、音频数字信号，不需要用多条线来分开传输，另外接口无需进行 D/A 和 A/D 转换，能取得更高的音频和视频传输质量。HDMI 可以接 DVD、摄像机、计算机、数码相机等音、视频设备。

图 6-8 HDMI 接口

HDMI 的特别之处，就是具备完善的版权保护机制，HDMI 加入了 HDCP(High - bandwidth Digital Content Protection 高带宽数字内容保护)。传统的加密方法是通过复杂的密码设置，让信号无法录制或播放。而 HDCP 不同，它是将数字信号加密后，信号的录制或播放效果会大打折扣，甚至根本播放不出来。此外，HDCP 要求播放的数字内容以及硬件本身都必须遵守一套完整的协议才能实现，其中一方出现问题都可能导致播放失败。例如，液晶电视有 HDCP 功能，但 DVD 播放机却不带有 HDCP 功能，那么对于有 HDCP 版权保护的 DVD 光碟，DVD 机是播放不了这个光碟的，有 HDCP 功能的液晶电视也就无法观看 DVD 光碟的精彩内容了。

每个支持 HDCP 的设备都必须拥有一个独一无二的 HDCP 密钥，密钥由 40 组 56bit 的数组密码组成。HDCP 密钥可以放在一个单独的 EEPROM 存储器中，也可以放在 HDMI 解码芯片内部。例如 TCL 液晶电视，在每个 HDMI 接口旁边都有一块存储器，专门用来存储 HDCP 密钥。这样，TCL 液晶电视就可以观看具有 HDCP 版权保护的网上影院中的高清晰度电影了。

(6)RF 射频接口

RF(Radio Frequency 射频)接口，也叫射频接口，同轴电缆接口，闭路线接口，属于模拟信号接口，见图 6-9。将视频和音频信号相混合编码后输出，但混合编码会导致互相干扰，所以输出的画面质量是所有接口中最差的。由于其传输距离长，只要一根线就可以传输所有的信号，故所有的电视机都有这个接口。

目前我国广泛应用机顶盒或卫星接收机，其输出的是已经分离的音频和视频信号，因此没有用到 RF 射频接口。

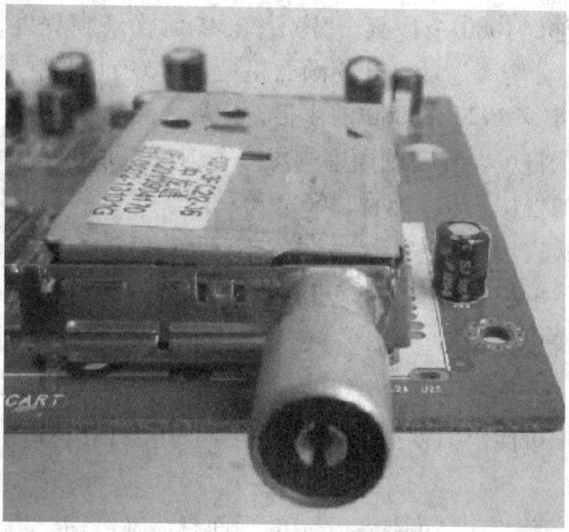

图 6-9 RF 射频接口

(7)USB 接口

USB(Universal Serial Bus 通用串行总线)接口，是目前液晶电视使用较多的多媒体辅助接口，可以连接 U 盘、移动硬盘等设备，可以播放存储设备中的图片、音乐文件和一些特定格式的视频，见图 6-10。

图 6-10 USB 接口

3. 液晶电视机的主要技术指标

不同的厂家生产的电视机质量不一样，那么我们怎样评价一台液晶电视机的优劣呢？这就要用到一些专业技术指标去评价，液晶电视机的主要技术指标有屏幕尺寸、分辨率、亮度、对比度、响应速度等，掌握这些技术指标，才能更好了解电视机的优缺点。

(1)屏幕尺寸

我国习惯上以英寸来计量电视机的尺寸大小，屏幕尺寸是指屏幕对角线的长度，单位是英寸，1 英寸 =2.54 厘米或 1 厘米 =0.3937 英寸，例如 42 英寸电视机的对角线是 106.68 厘米。一般屏幕越大，电视机就越贵。

(2)分辨率

通常人们提到的分辨率是指电视机的物理分辨率，即电视机的整个屏幕有多少个可以显示图像的像素。屏幕一旦被制造出来，物理分辨率就被固定了，不会随着应用或者其他情况的变化而改变。通常分辨率表示为 1920×1080，其中 1290 表示横向每行具有 1290 个像素，而1080则表示纵向每列有1080个像素。分辨率影响画面清晰程度，分辨率高画面清晰细腻，画面边缘明快锐利，分辨率过低则会使画面粗糙，近观有明显颗粒感。当前流行4K电视机，所谓4K，是高清分辨率1920×1080的4倍，分辨率高达3840×2160，属于超高清分辨率。在此分辨率下，观众将可以看清画面中的每一个细节，每一个特写。

在行业内，不规范的也用720P表示1366×768的分辨率，用1080P表示1920×1080的分辨率，这种用信号制式表示分辨率的方法虽然不标准，但很常见。

除了物理分辨率外，电视机还有兼容分辨率，兼容分辨率是指电视机允许输入信号的分辨率，当输入信号的分辨率大于屏幕物理分辨率时，信号会被压缩到屏幕能显示的范围；而当输入信号的分辨率小于屏幕物理分辨率时，通过插值算法也可以被放大到屏幕物理分辨率的大小，但是这时的图像可能不清晰。兼容分辨率体现了电视机对各种信号的兼容能力。

(3)亮度

亮度是指画面的明亮程度，亮度越高显示的画面越清晰鲜艳。但过高的亮度不但容易引起视觉疲劳，同时也使纯黑与纯白的对比降低，影响色阶和灰阶的表现，选择合适的亮度与观看电视的距离有很大关系，大屏幕的电视观看距离一般比较大，适合选择亮度较高的款型，而小屏幕的电视则宜选择亮度不要太高的产品。

(4)对比度

对比度是屏幕最亮时(白色)与最暗时(黑色)的亮度比值，通常写成2000∶1；对比度高，则从黑到白的渐变层次就越多，从而色彩表现越丰富，一般来说对比度越大，图像越清晰，色彩也越鲜明艳丽；而对比度小，则整个画面灰蒙蒙的。对比度高的电视机在一些暗场景中的细节表现、清晰度和高速运动的物体表现上更加明显。

(5)响应速度

响应速度是液晶电视各像素点对输入信号反应的速度，即像素由暗转亮或由亮转暗所需要的时间，也就是在液晶分子上施加电压，使液晶分子扭转所需要的时间。响应速度越快则在显示动态画面时越不会有拖尾现象。目前的液晶电视的响应时间都达到8ms左右，基本看不到拖尾现象了。

4. 液晶电视机的保养与维护

(1) 清洁电视表面时，应拔下电源线，用水冲淡中性洗涤剂，用干净、柔软的棉布对整机进行清洁，禁止反复用力擦拭。

(2) 不要用挥发油、稀释剂、清洁剂等化学用品擦拭电视，这些溶剂可能使机壳变质或损坏其涂漆面。

(3) 安放、使用时应避免水滴、水溅。遇到雷雨等不良天气，应迅速拔下电源插头及有线电视(或室外天线)插头，以避免发生雷击损坏事故。

(4) 长时间不用液晶电视时，请将电源线从插座中拔出以防止可能的电击事故。长时间不使用遥控器，请取出电池并将它存放在凉爽、干燥的地方。

(5) 不要对液晶屏施加压力，也不要用手指直接接触屏幕表面，液晶屏幕是精致且脆弱的，外力容易使它破裂。要看管好小孩和玩具，对液晶屏的任何撞击、划刻都会带来直接的损伤，并且极有可能令整块屏幕报废。

三、任务完成

1. 液晶电视机的拆卸

（1）底座的拆卸

底座用于支撑液晶电视的机身，由 4 颗螺钉固定底座在机壳上。拆卸底座前，应先用干净、柔软的毛巾对整个电视机进行清洁。拆卸时，将液晶电视平放在铺有干净、柔软布料的桌面上，用螺丝刀拧下固定底座的 4 颗螺钉，即可取出底座。如图 6－11 所示。

底座的拆卸

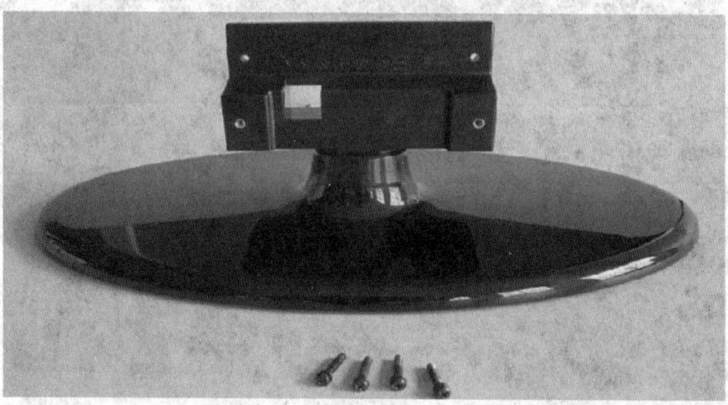

底座

图 6－11　底座的拆卸

（2）后盖的拆卸

在拆卸后盖时，一定要先断开电视机电源，小心地将其放在工作台上。最好是先在工作台上放一块较厚的软垫，然后将电视机面板朝下，荧光屏置于软垫上。这样既可以保护荧光屏，又便于拆卸位于机箱底部的紧固螺丝，也比较安全。卸下的螺钉和其他小东西均应放在一个固定的地方或用小纸盒暂存，切不可随手乱丢。图 6－12 所示的后盖标记出了固定螺钉安装的位置，用螺丝刀拧下固定后盖的 16 颗螺钉，即可卸下后盖。

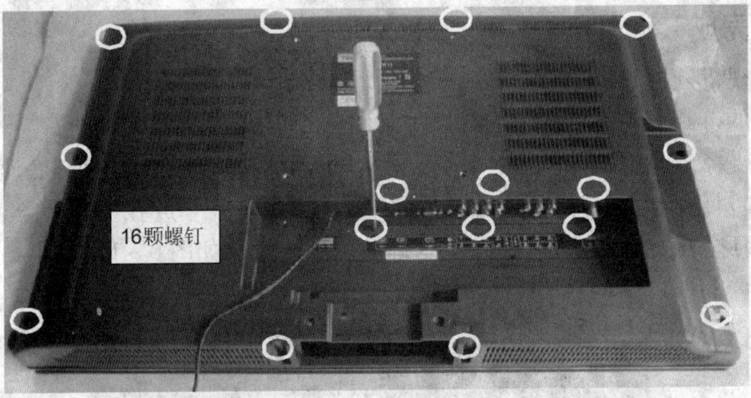

图 6－12　后盖的拆卸

(3) 升压板的拆卸

升压板是液晶电视故障率较高的电路板，拆卸时应佩戴好防静电环或防静电手套，以免在拆卸过程中升压板上的元器件受到静电损害。如图 6－13 所示，先拆下升压板的接插件，再用螺丝刀拧下 6 颗紧固定螺钉，取下黑色的塑料防护板，即可卸下升压板。

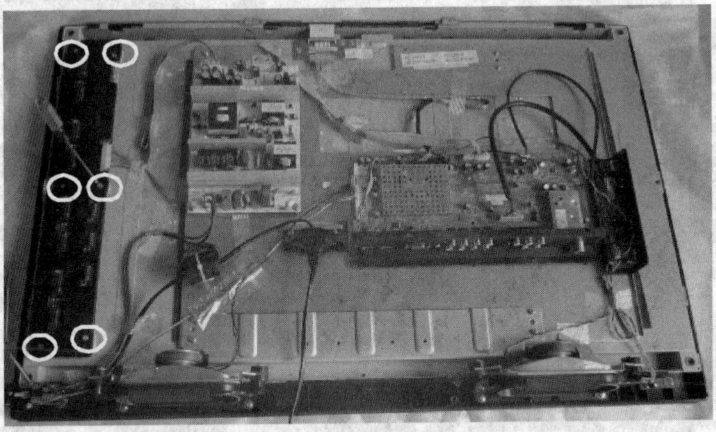

升压板的拆卸

升压板

图 6－13　升压板的拆卸

(4) 主板和电源板的拆卸

主板、电源板上有贴片元器件，为了防止静电损害，拆卸时应佩戴好防静电环或防静电手套，如图 6－14 所示，首先小心拆下各种接插件及粘贴胶带，主板上有 6 颗固定螺钉，电源板上有 4 颗固定螺钉，其次用螺丝刀分别拧下 10 颗固定螺钉，即可卸下主板和电源板。

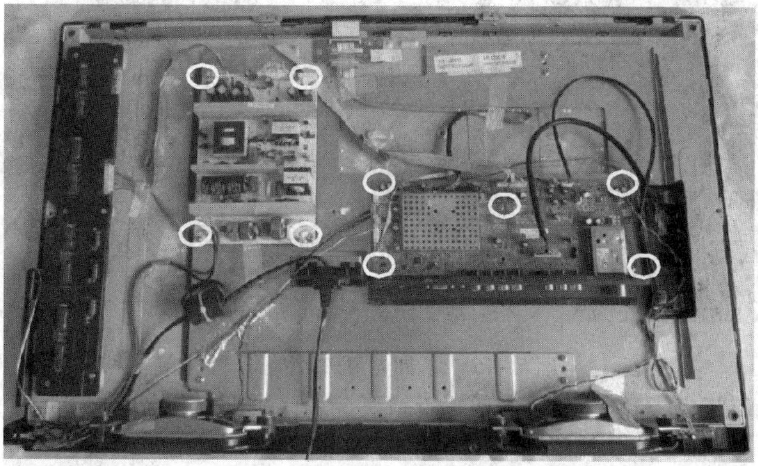

主板、电源板的位置

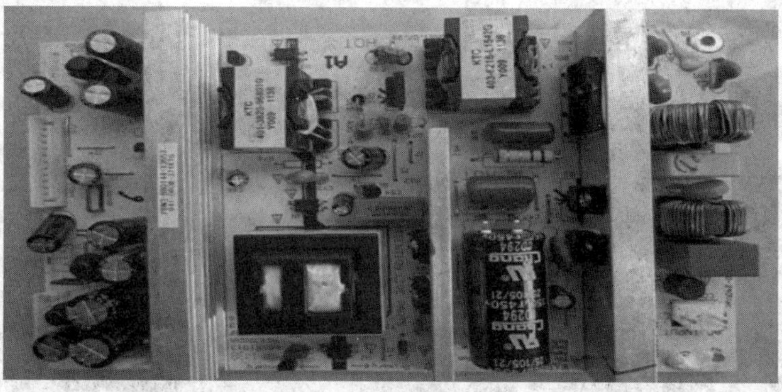

电源板

图 6－14　主板和电源板的拆卸

(5)液晶屏的拆卸

拆卸液晶屏时，应在整洁、防尘、防静电环境下操作，应佩戴防静电手套，以免在拆卸过程中损坏液晶板。另外，在非必要情况下，尽量不要拆卸液晶屏。拆卸液晶屏的步骤较多，螺钉也很多，需要小心和耐心，若是新手，第一次拆卸液晶屏至少花费半个小时以上。将卸下的螺钉置于盒中，以防丢失。拆卸步骤如下：

① 拆卸升压板。前面已经介绍过，见图 6－12 升压板的拆卸。

② 拆卸电源开关和扬声器。在电视机的周边有电源开关和 2 只扬声器，见图 6－15，用螺丝刀拧下 6 颗紧固定螺钉，即可卸下电源开关和扬声器。

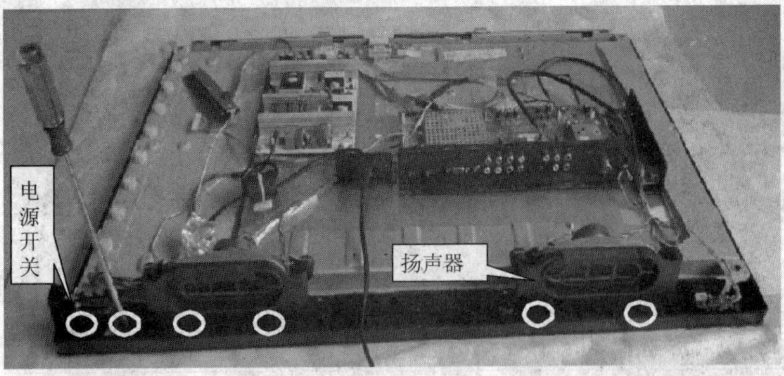

图 6－15　拆卸电源开关和扬声器

③ 拆卸电路板底板。电源板、主板置于一块金属铁板上，取出底板上的 7 颗螺钉。液晶屏的铁板上有一小块屏线转接电路板，上面有 2 颗螺钉。另外，传输线上都粘贴有胶带，拉开胶带，取出传输线。如图 6－16 所示。

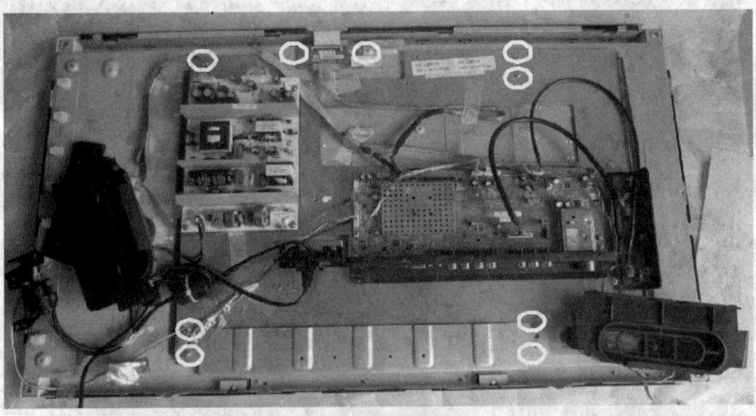

电路板底板的固定螺钉

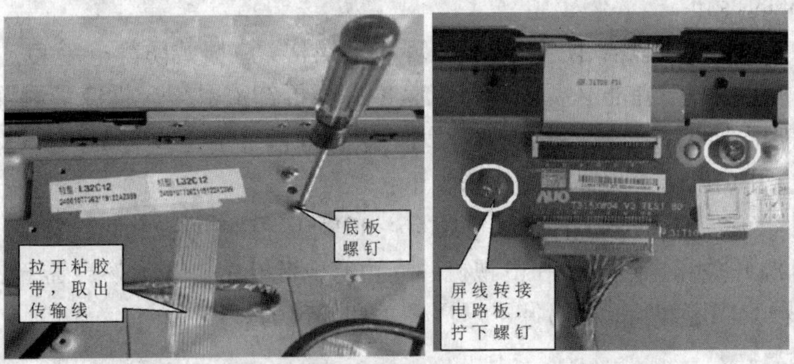

取出底板的螺钉和传输线

卸下的底板

移走底板后的液晶屏

图 6－16　**电路板底板拆卸**

④ 电视机边框的拆卸。除了与金属边框的卡扣外，电视机的边框还有两块小的铁块固定，先拧出螺钉，卸下小铁块，再将电视机边框取出，如图 6－17 所示。

图 6－17　**取下电视机边框**

⑤ 拆卸液晶屏边框

为了把液晶面板固定，液晶屏四周都装上边框，所用螺钉最多，有 16 颗。特别要注意金属边框与面板驱动电路板的卡扣，小心翻开卡扣，取出金属边框。图 6－18 是需要拧下的螺钉位置及卸下的 4 块边框。

图 6-18　液晶屏边框的拆卸

⑥ 取出液晶屏

液晶面板比较脆弱，也是电视机最贵重的器件，当电视机出现黑条纹、大面积坏点等现象时，只能更换面板才能解决问题。取出面板时不能用手直接触摸，因手有油脂，会留下手印。要戴好防静电手套，两手拿住面板两边，轻轻往上抬起，即可取出液晶面板，图 6-19 是液晶面板实物图。液晶面板与逻辑电路板通过软排线连接，采用粘接工艺，不要扯拉软排线，易造成接触不良故障。逻辑电路板是液晶面板生产厂家提供，与液晶面板配套使用，业余条件下很难维修，电视机厂家的特约维修点大都没有配件。

取出液晶面板

液晶面板实物图

图 6－19　取出液晶面板

⑦ 拆卸导光板边框

在背光灯上面有导光板和光扩散膜，它们是用边框进行固定的，拧下四周的 4 颗螺钉，即可拆下边框，如图 6－20 所示。取出的导光板和光扩散膜，共有 4 张。不能用手直接触摸，取拿灯管要戴上干净的手套。

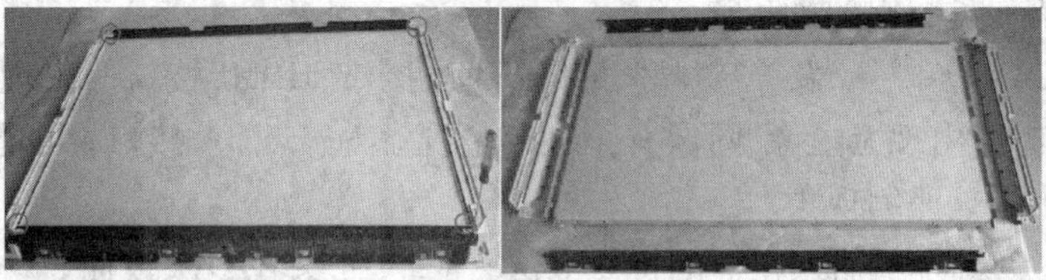

拆卸导光板和光扩散膜的边框

拆下的导光板和光扩散膜

图 6－20　拆卸导光板边框

⑧ 拆卸背光灯管。当灯管损坏或老化时，必须更换灯管。本机采用新的 U 型 CCFL 背光灯管，共有 4 支，管径细，长度约 72cm，容易破碎，要轻拿轻放。每支灯管有 2 个塑料卡扣，用手把卡扣撑开，轻轻地取出灯管如图 6－21 所示。

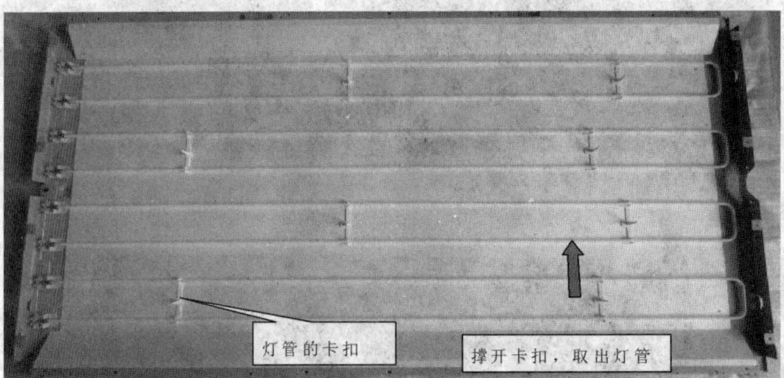

取出U型灯管

U型灯管实物图

图 6－21　拆卸背光灯管

2. 液晶电视机的组装

液晶电视机的组装与拆卸步骤相反。

3. 液晶电视机的常见故障及检修方法

(1) 液晶电视机接口电路的检修

液晶电视的 AV 接口、S 端子、YPbPr 接口、VGA 接口、HDMI 接口等出现故障后，从相应的接口输入信号时会出现无图像、图像有干扰等情况。对于 VGA 接口，可能会出现提示"无信号"或者画面不停地胀缩现象。

以 VGA 接口为例说明输入接口的检修方法。VGA 插头在多次拔插后，针孔中的簧片可能变松动，出现接触不良的情况。还有 VGA 传输线在暴力拉扯后，也可能导致信号传输不良，出现黑屏、单色、偏色等故障。遇此情况，除了更换新信号线外，还可以用焊锡把信号线插头针脚加粗，让簧片与信号线紧密连接，或更换 VGA 插座。另外也要注意 VGA 插头的焊点是否有虚焊。

检修输入接口电路最快捷的方法是用示波器来观察输入信号的波形，在哪个地方信号没有了，故障便在那里。

另外，电视机使用几年后，各种接口将被氧化，出现接触不良现象，解决的办法是用细沙纸打磨接口至光亮即可。

(2) 液晶电视机电源板的检修

① 液晶电视机电源板的基本组成

液晶彩电的开关电源电路采用的均是并联型开关电源，其电路的基本组成如图

6－22 所示。

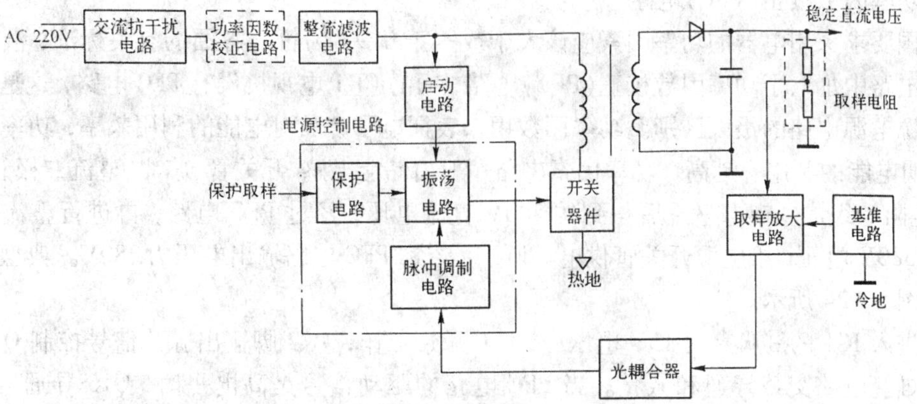

图 6－22　开关电源的基本组成框图

· 交流抗干扰电路

开关电源虽然具有许多优点并得到广泛的应用，但由于它具有严重的射频干扰。开关电源是把工频交流电压整流为直流电压后，再通过开关变为高频交流电压，其后再整流为稳定直流电压的一种电源，这样就有工频电源的整流波形畸变产生的噪声与开关波形产生的噪声。在输入侧泄露出去就表现为传导噪声和辐射噪声，在输出侧泄露出去就表现为纹波。同时外部噪声会进入电子设备中，而供给负载的电源噪声也会泄漏到外部。若电源线中有噪声电流通过，电源线就相当于天线，向空中辐射噪声。而这些噪声都会影响附近其他设备的正常工作，因此，需要抑制开关电源的干扰。抗干扰电路一般由互感器、高压电容、电阻等组成，如图 6－23 所示。

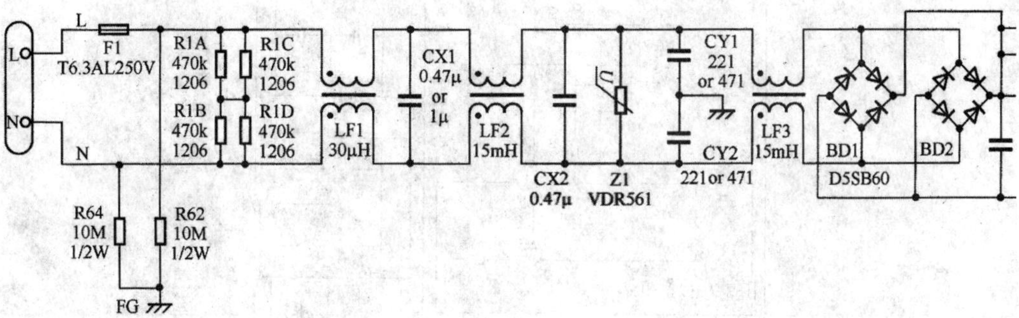

图 6－23　交流抗干扰电路

交流市电自火线（L）和零线（N）输入。F1 为保险管，作短路保护。Z1 为压敏电阻，其阻值在其两端电压达到一定值时急剧下降并迅速导通，使保险管熔断，能有效地防止因输入端电压过高（如雷电产生的电压尖峰）而损坏其他电路元件。

CX1 和 CX2 为 X 电容，用来抑制差模干扰（来自电源火线而经由零线返回的干扰信号称为差模信号）。LF1、LF2、LF3 为共模电感。CY1、CY2 为 Y 电容，用来抑制共模干扰（来自火线或零线而经地线返回的干扰信号称为共模干扰），上述元件组成低通滤波电路，用来减少电网对开关电源之间的传导干扰，以满足 EMC 标准的要求。R1A、R1B、R1C、R1D 为泄放电阻，在交流电关断时，对 X 电容放电。R62、R64 为浪涌泄放电阻。

交流电压低通滤波后经桥堆 BD1(BD2 用于分流，为可选器件)整流滤波，得到直流电压。

· 功率因数校正(PFC)电路

美国要求家用电器的功率因素应该大于或等于 0.9，为符合各国的有关标准，液晶电视机电源电路中加入了功率因数校正(PFC)电路，旧的 CRT 电视机没有 PFC 电路，这是两种电视机电源电源电路的最大区别。功率因数用来表征电子产品对电能的利用效率，功率因数越高，说明电能的利用率越高。功率因素电路一般由储能电感、开关管、芯片、整流二极管、滤波电容、电阻等组成。市电整流后得到约 200V 直流电压，经过 PFC 电路，再进行整流、滤波，得到约 380V 电压，给电源开关管供电。所以，俗称 PFC 电路输出电压为 380V。典型的 PFC 电路如图 6－24 所示。

当进入 IC1 的⑧脚获得 15V 电压后，IC1 开始工作，从⑦脚输出脉冲信号控制 Q16、Q17 组成的推挽电路交替导通和截止。当 PFC 电路的驱动信号是高电平时，Q16 导通，Q17 截止，VT1、VT4 的栅极为高电平，栅、源极正向偏置，VT1 和 VT4 导通，整流后的市电对 L2 充电，电能转化为磁能储存在 L2 中；当 PFC 电路的驱动信号是低电平时，Q16 截止 ，Q17 导通，VT1 和 VT4 的栅、源极反向偏置截止，L2 的磁能释放，经 D2、D37、C4 整流滤波后输出，电压升到 380V 左右，供给开关电源主电路。

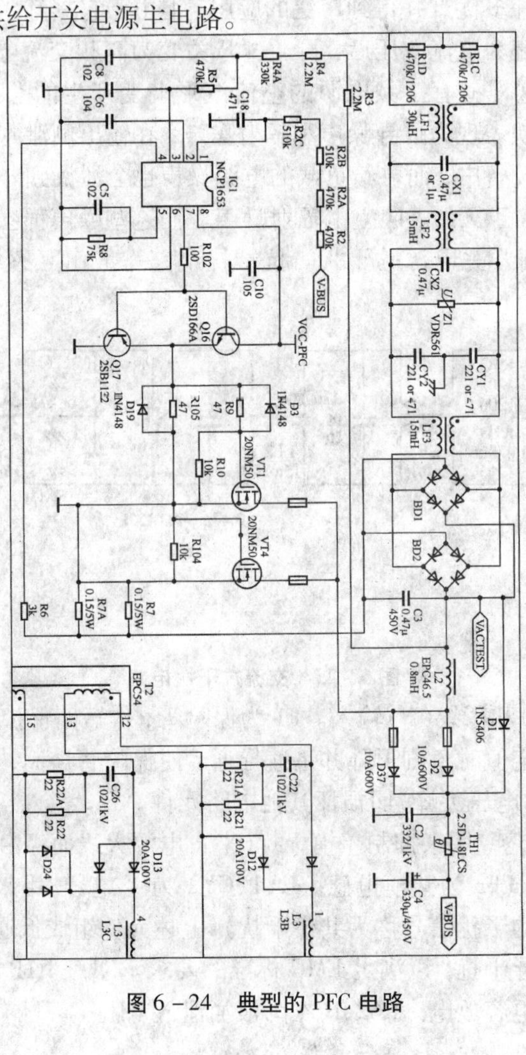

图 6－24　典型的 PFC 电路

· 开关电源主电路

由脉冲变压器、开关管、电源模块、光电耦合器等组成，如图 6 – 25 所示，14V 电压进入 IC2 的⑥脚后，IC2 开始工作，从⑤脚输出脉冲信号控制 Q4 和 Q5 的基极，当脉冲信号为高电平时，Q4 导通，Q5 截止；当脉冲信号是低电平时，Q4 截止，Q5 导通。由于 Q4 和 Q5 的轮流导通和截止，T1 的次级耦合感应到的信号变化，分别去控制 VT2 和 VT3 的关闭和断开。这样 PFC 电路输出的 380V 电压送到开关变压器的初级绕组，并且不断进行储能和释能的变换过程，从而感应到次级绕组输出，再经过整流滤波得到 12V、24V 直流电压。

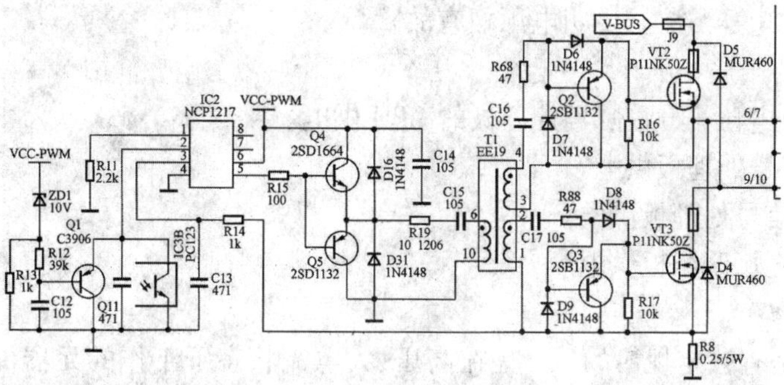

图 6 – 25　开关电源主电路

· 滤波整流电路

如图 6 – 26 所示，经开关变换后，T2 次级绕组产生相应的高频交流电压，需要再次整流滤波，输出 + 12V、+ 24V 直流电压，其中 + 12V 供数字板，+ 24V 供升压板。由于 T2 次级绕组产生的是高频交流电压，因此整流二极管 D13、D24 不能用普通二极管，需用快速整流二极管，这点在维修时应注意。

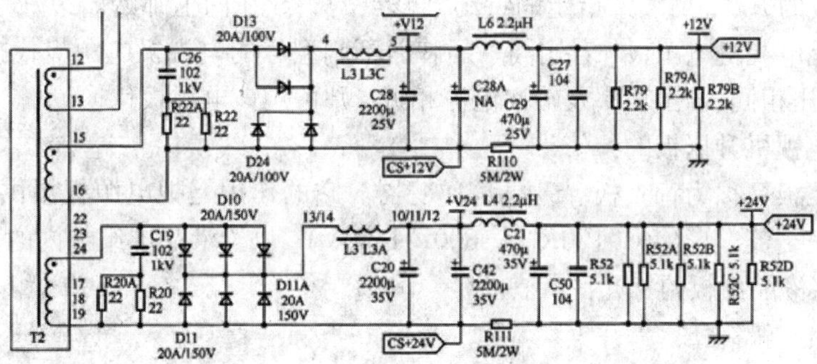

图 6 – 26　滤波整流电路

② 电源板检修及代换

电源板负责整机的电压供给，即将 220V 交流电变换为稳定的 + 5VSB、+ 5V、+ 12V、+ 24V 直流电压，为升压板、主板提供电压。其工作在高压、大电流状态，故障率很高，占整机故障率 50% 以上，因为板上的元器件工作环境恶劣，有的固定在散热板上，这些元件工作在高压、高温、大电流状态下易被击穿烧坏。

电源板损坏引起的常见故障现象：

· 不通电 即电源指示灯不亮，无光栅、无伴音，电视机没有反应。

· 电源指示灯亮，不能开机。

· 电源指示灯亮，开机瞬间有光栅，但光栅很快消失。

· 黑屏 屏幕不亮，但有声音。

电源板好坏的判断：

· 直观判断，看看板上是否有元件烧焦、炸飞、大电解电容是否鼓包、漏液等。

· 万用表测量电压判断，利用万用表测量电源板输出电压接口的引脚电阻，判断是否存在开路、短路、漏电现象。实际维修时，最常用的是电压法，用万用表测量电源板输出接口的电压，有四路输出电压，分别是：+5VSB、+5V、+12V、+24V。在电源板对应的引脚上标注有电压值，测量的电压异常，说明电源板有故障。

各输出电压的用途如下：

+5VSB：待机电压，给主信号处理板的 CPU 供电。

+5V：给主信号处理板供电。

+12V：给主信号处理板供电。

+24V：给背光灯升压板供电。

电源板的检修：

电源板损坏是有一定规律的，就是在高压、大电流状态下工作的元器件容易损坏。这些易损元件按故障率由高到低的顺序排列为：保险管、大电流整流二极管、桥式整流器、大功率开关管、380V 滤波电容、电源模块芯片、光电耦合器等，易损元件以击穿损坏居多，可用万用表来检测判断。

电源板的代换：

目前，电源板采用双面组装，大电流、高压的电路采用分立元器；小信号处理电路，例如电压取样电路、保护电路则采用贴片元件，贴片元件电路维修难度较大，通常更换整个电路板。购买电路板的方法：到厂家指定的特约维修点购买或在网上邮购。最好是购买同一品牌同一型号的液晶电视机电源板，若用同一品牌但不同型号的电视机电源板代换，只要接口方式相同、输出电压相同、输出功率及输出电流相近，则可用该电源板代换。

(3) 液晶电视机升压板的检修

背光灯升压板又称为背光板、高压板、逆变器。它的作用是把电源板提供的 +24V 电压，转换成高频高压交流电压(40 ~ 100KHZ, 800 ~ 1600V)，供给液晶屏组件内的背光灯管，点亮背光灯管，作为液晶面板的背光源。

① 升压板的电路组成

升压板主要由 4 个部分组成，如图 6 – 27 所示，各组成部分的功能如下：

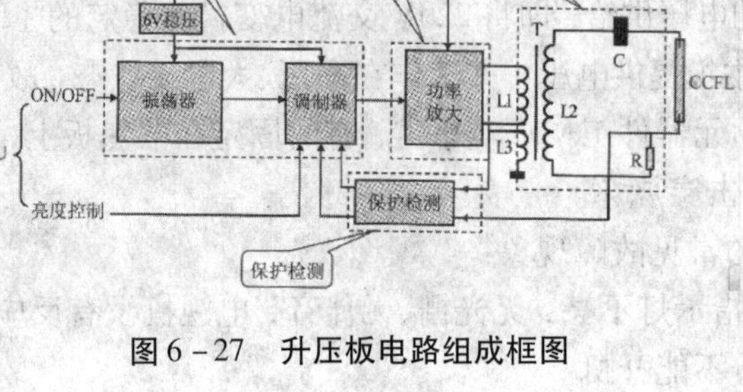

图 6 – 27 升压板电路组成框图

·振荡电路：产生 60 ~ 100kHz 的方波信号。

·功率放大：把振荡控制部分的信号放大到足够点亮灯管的功率。

·高压输出：把功率放大后的信号升压并转换为正弦波输出，点亮 CCFL 灯管。

·保护检测：对升压板输出的电压及 CCFL 灯管的工作电流、工作状态进行检测，如果异常，则使控制振荡控制部分电路不工作，停止输出方波信号，电路进入保护状态。

CPU 向升压板提供开关机信号（ON/OFF 信号），还提供控制背光灯亮度的亮度控制信号。

②升压板主要元器件

TCL 液晶电视 L32C12/MST6M181 机型的升压板实物如图 6 – 28 所示。

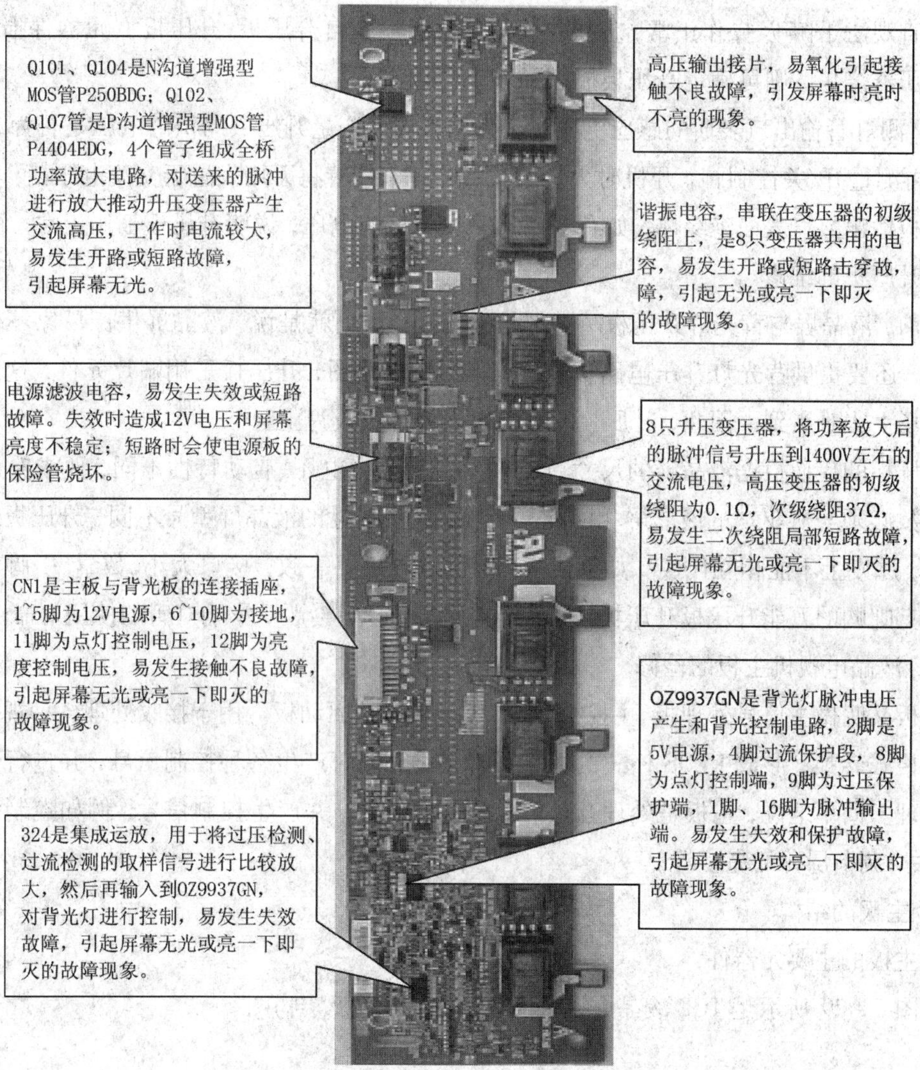

图 6 – 28　L32C12/MST6M181 机型的升压板实物图

③ 升压板损坏引起的常见故障现象

升压板常见损坏形式有两种：一是不工作，就是不能对液晶屏组件内的背光灯管供电，背光灯不亮，呈现黑屏。二是保护，升压板先正常启动工作，但又因执行过压或过流保护而关闭，所以，屏幕亮一下就黑屏。

升压板不良引起的常见现象有：

· 黑屏 背光灯不亮。

· 开机时屏幕亮一下后黑屏。

· 开机后有光栅，工作一段时间光栅消失。

· 机内出现异常叫声。

· 干扰 主要有水波纹干扰、画面拉动或跳动。

④ 升压板好坏的判断

· 直观法 图声及操作正常，但机内有叫声，叫声来自升压板；升压板上元器件损坏，如高压变压器烧焦。则可确定升压板损坏了。

(4)测灯管输出口表面的感应电压。首先用万用表测量升压板的供电电压是否为24V正常值，再测量开/关控制脚，开机时为3～5V高电平，接着将万用表置于交流电压挡，表笔接触升压板输出接口表面绝缘体，如有18～30V交流感应电压，说明升压板工作正常。

· 升压板的维修

目前，液晶屏与背光灯升压板基本都是配套提供，也就是说，液晶屏生产厂家不仅提供液晶屏，还要提供背光灯升压电路板，厂家不提供电路图，升压板采用贴片元件，这些元器件在市场上很难买到。因此，升压板的维修以更换整块板为主。

升压板的代换根据液晶屏的尺寸、灯管的数量、点亮电压、启动特性不同，要求升压板的脉冲参数必须与所驱动的液晶屏相匹配。所以，同一尺寸的液晶屏型号不同，升压板组件也不相同，原则上不能相互代换。如果代换，则供电电压要一致，接口大小、数量、引脚功能一致。网上邮购的万能升压板升压板，虽然能点亮灯管，但会严重影响灯管的使用寿命。

(5)液晶电视机主板的检修

主板又叫做主信号处理板、主控板、数字板、信号板、驱动板。用于接收处理各种视频信号并进行格式转换，形成LVDS格式的数字图像信号，同时产生各种控制信号，并进行音频信号的处理。简单地说，主板是处理音频信号和视频信号，并产生控制信号，例如控制背光灯的开/关，调节屏幕的亮度等。

① 主板的结构

· 主板的主要元器件：

如图6－29所示是TCL液晶电视L32C12机型的主板实物图。

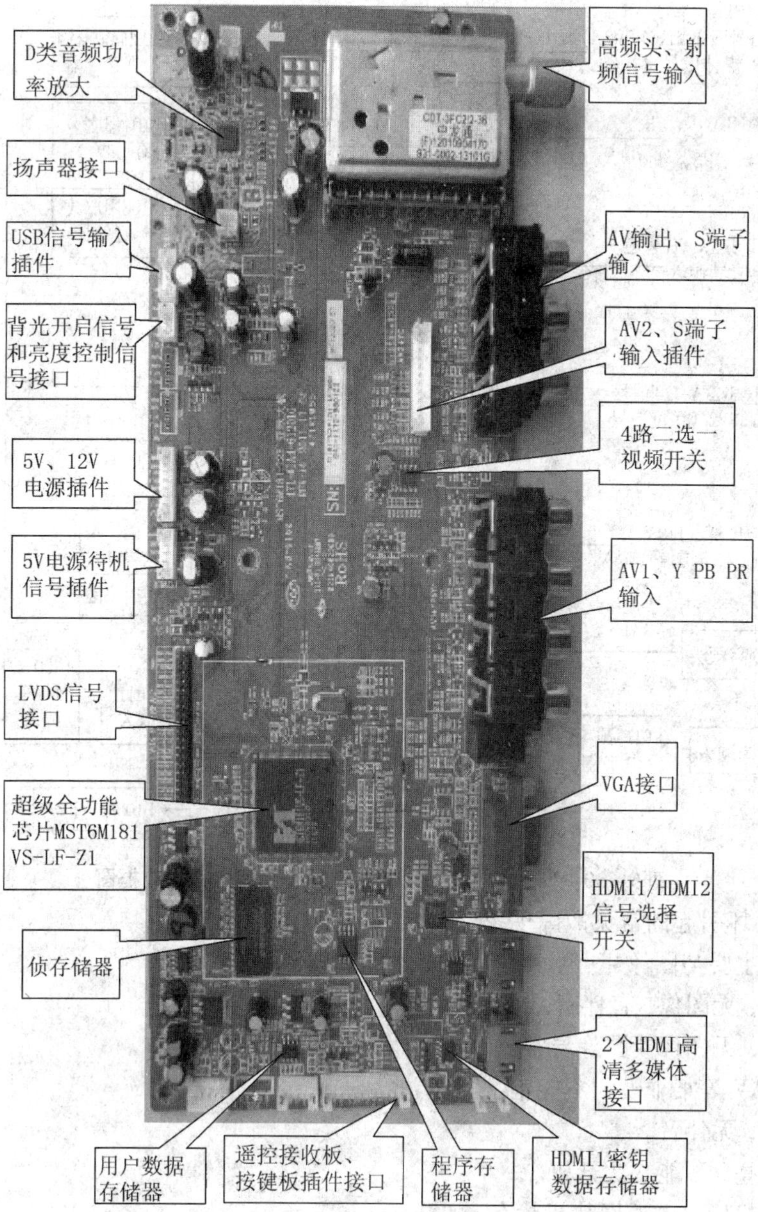

图6－29　主板主要元器件

· 主板的电路组成：

主板是液晶电视机内体积最大、器件最多、接口最多的块电路板，音频信号和视频信号采用贴片元件，以超级全能芯片 MST6M16GS－F 为核心，高度集成，电路原理如图6－30所示。

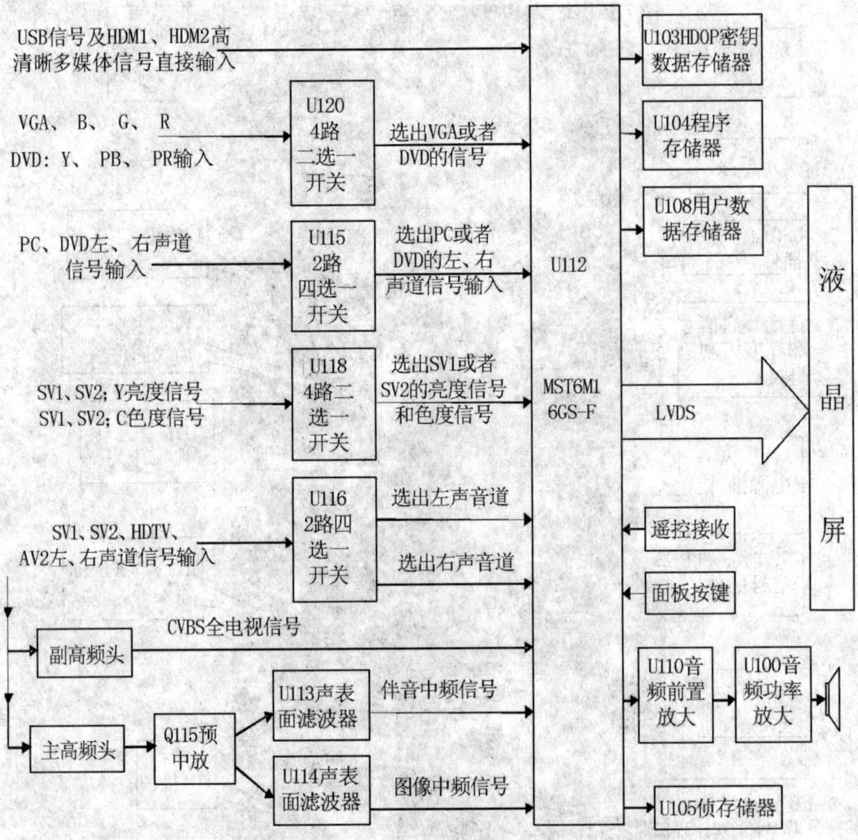

图6－30　L32C12/MST6M16 机型信号处理电路组成框图

② 主板损坏引起的常见故障现象

主板故障主要与图像、颜色、声音有关，常见的故障有：

· 屏幕亮，无图像，有伴音。

· 有字符，无图像或图像异常。

· TV 或 AV 等某个模式不能正常工作。

· 有图像，无伴音。

· 指示灯亮，不能二次开机。

· 二次开机后自动返回待机状态。

③ 主板好坏的判断

一般根据故障现象，测试主板接口的相应关键点电压来进行。

· 根据故障判断主板的好坏。无图像或图像异常、无声音、控制信号异常等现象，则可判断主板损坏了。

· 万用表检测主板的好坏。一般通过测试 LVDS 接口电压来判断输出图像信号是否正常；测量升压板开/关机控制脚电压等，来判断输出控制信号是否正常。

④ 主板的维修

主板采用超大规模集成电路及贴片元件，特别是超大规模集成电路的更换，需要很高的焊接技术。因此，业余条件下，主板维修以更换整块板为主。

主板可通过网购相同型号的产品来替换，但需注意：

· 同型号的产品在不同时期生产，可能因主板结构发生变化而不能互换。

· 同机芯的产品因功能不同，电路板上设置的接口端子也不同，通常不能互换。

· 代换主板时，注意 LVDS 线输出的供电电压要与逻辑板的供电相符，LVDS 信号连接线的根数要与液晶屏匹配，LVDS 程序要相同。

思考题

1. 评价液晶电视机的主要技术指标有哪些？

2. 简述液晶电视机的保养与维护。

3. 液晶电视机常用的接口有哪些？

4. 画出液晶电视机电路的组成框图。

5. 如何判断电源板的好坏？电源板易损坏的元器件有哪些？

6. 升压板的作用是什么？升压板损坏常引起什么样的故障现象？

7. 主板有什么作用？如何判断主板的好坏？

8. 液晶电视机的 PFC 电路有什么作用？

9. 液晶电视机开机无反应，电源指示灯也不亮，分析故障原因。

10. 液晶电视机开机电源指示灯亮，但无光栅、无图像、无声音，试分析故障原因及故障排除方法。

项目七　投影机的维护与维修

一、任务名称

本任务名称是投影机的维护与维修。投影机又称为投影仪，是目前流行的演示设备，它将视频信号放大后投影到银幕上，广泛应用于多媒体教室、会议中心、军事指挥、商业博览和娱乐场所等领域。市场上的投影机品牌和型号很多，主要销售的是液晶(LCD)投影机，因此，本项目主要讲解液晶投影机的维护与维修。

二、任务描述

1. 投影机的基本结构

(1)投影机的外部结构

以日立 HCP－2650X 型投影机为例，从外观来看，投影机主要由待机/电源键、输入选择键、菜单键、镜头、进气口及过滤网、散热口、接口等部分构成，如图 7－1 至 7－5 所示。

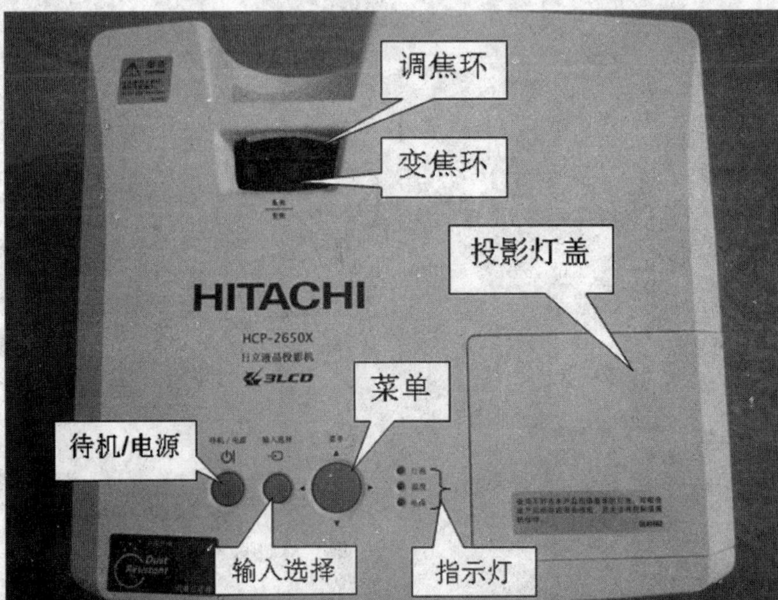

图 7－1　投影机的外部结构

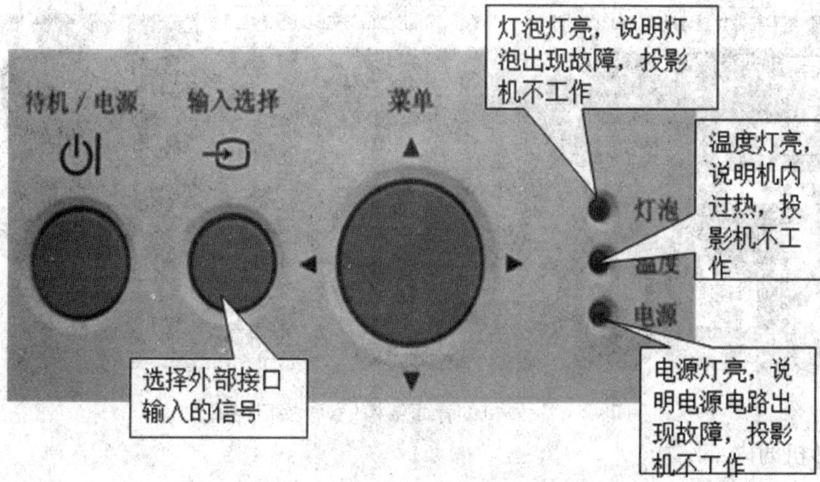

图7-2　投影机的面板按键

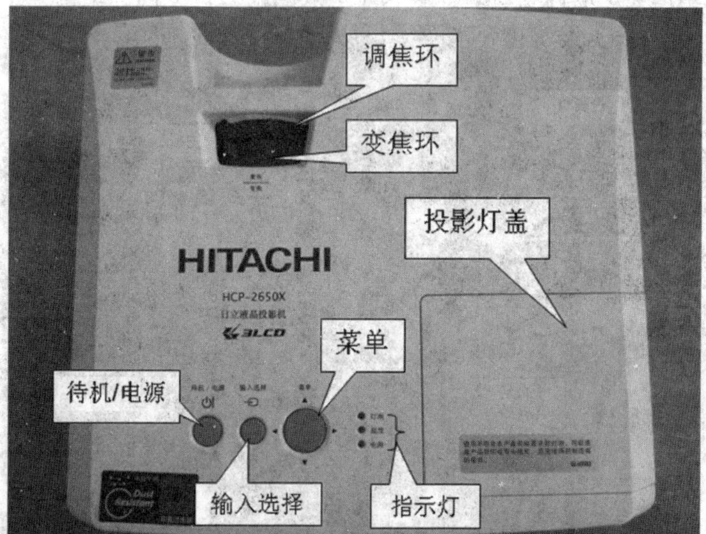

图7-3　投影机的正面结构

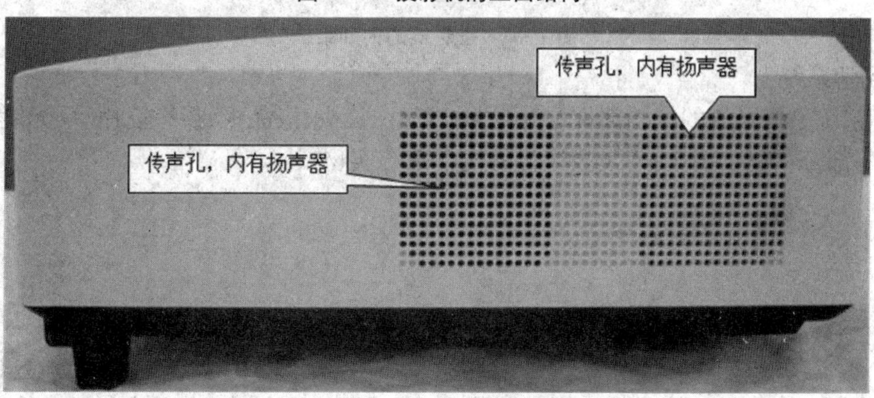

图7-4　投影机的侧面结构

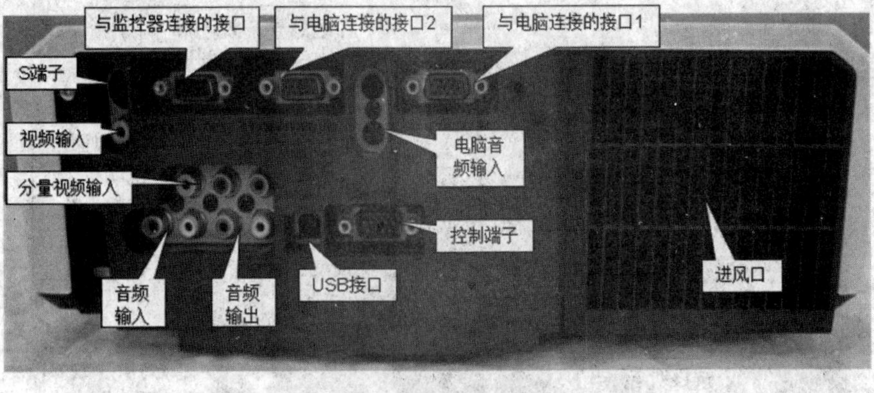

图7－5　投影机的背面结构(各种接口电路)

(2)投影机的内部结构

投影机的内部结构可分为电路部分和光学系统两大模块，其中电路部分主要有主板、电源板、镇流器等。图7－6是日立HCP－2650X型液晶投影机的内部结构。

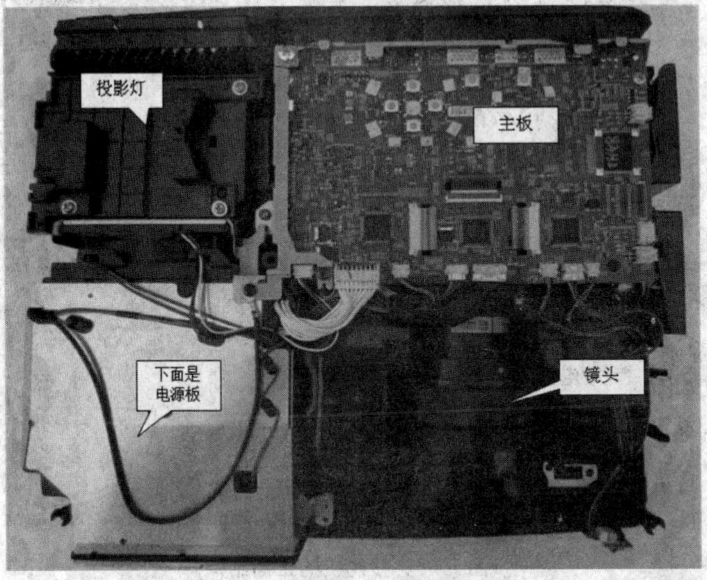

图7－6　投影机的内部结构

① 光学系统

光学系统是投影机的核心部件，主要由投影灯、镜头、液晶板、投影镜片(反光镜、滤光镜、分光镜)等部分构成。图7－7是投影机的光学系统实物图。

图7－7　投影机的光学系统

·镜头

镜头由聚焦透镜、可变焦透镜、成像透镜等组成，镜头可以微调，使投影的画面清晰。

·液晶板

液晶板的结构与液晶电视机的液晶屏是一样的，用来显示图像，但投影机中有3块液晶板，分别显示红、绿、蓝3个单色图像。图7－7指出了3块液晶板的放置位置。

·投影镜片

1)滤光镜:把投影灯发出的紫外光和红外光等不可见光滤掉，只透射可见光。

2)反光镜:仅反射可见光中的红、绿、蓝光。

3)分光镜:能透射某一颜色的光。例如R(红)分光镜，只能透射红光，其他颜色的光不能透过，这样就能把红光分离出来。

·投影灯

投影机中常用金属卤素灯泡、UHE灯泡和UHP灯泡作为光源，图7－8是投影灯的实物图，主要由灯口、反射板、灯架和电源接口等部分构成。

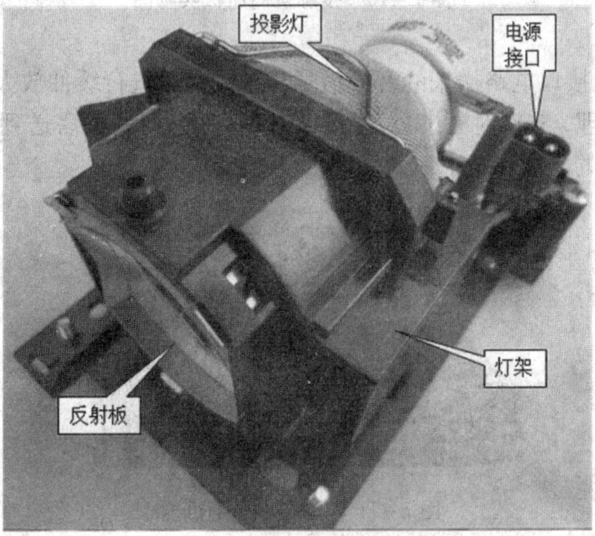

图7－8　投影灯实物图

② 电路板

电路板主要有 3 块:电源板、主板、镇流器等。

· 电源板: 220V 市电经滤波器后加到桥式整流堆上, 输出约 300V 的直流电压, 再加到开关变压器及开关管上, 经过开关电路后得到:5V、6V、15.5V 直流电压。图 7 -9 是投影机电源板实物图。

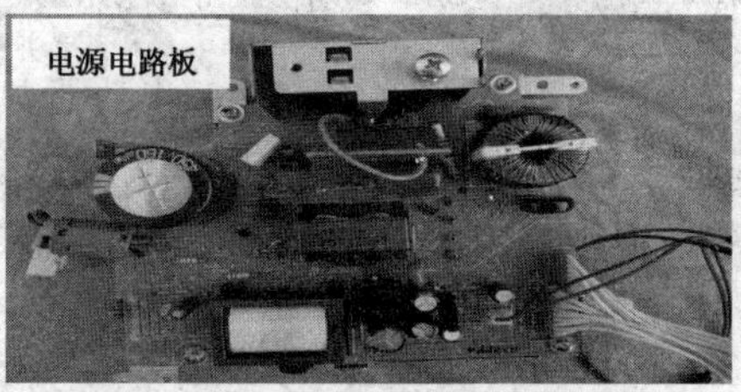

图 7 - 9　投影机电源板实物图

· 镇流器: 镇流器电路的作用是产生约 20KV 的高压点亮投影灯, 当投影灯正常工作后, 加到灯上的电压约为 85V, 并保持灯的功率恒定, 使灯稳定地发光。图 7 - 10 是投影机镇流器实物图。

图 7 - 10　投影机高压板实物图

· 主板

主板的作用是把接口电路送来的音频信号和视频信号进行缓冲放大、扫描格式变换、视频解码、A/D 转换等处理, 实现对亮度、对比度、色度等一系列调整后送到液晶屏驱动电路。图 7 - 11、7 - 12 是主板的正面和背面实物图。

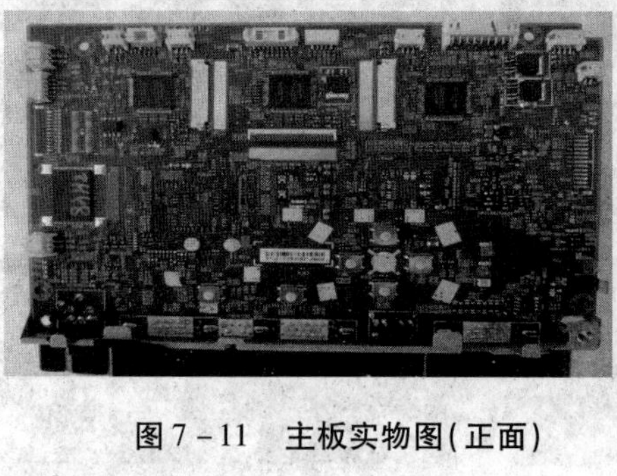

图 7 - 11　主板实物图(正面)

图 7－12　主板实物图(背面)

2. 投影机的主要技术指标

(1)分辨率

物理分辨率即 LCD 液晶板的分辨率也叫真实分辨率、标准分辨率。在 LCD 液晶板上通过网格来划分液晶体，一个液晶体为一个象素点。通常用分辨率来评价液晶投影机的档次，分辨率越高，图像越清晰。目前市场上 LCD 投影机分辨率一都达到 800×600 以上，最高达到了 1920×1200。

(2)亮度

亮度指投影机的图象明亮程度，单位是流明，也叫明亮度，流明值越高表示越亮。目前 LCD 投影机的亮度一般在 2000 流明以上，最高达到了 15000 流明。

(3)对比度

对比度指图像中最亮的白与最暗的黑的比值。比值越大代表对比度越大，从黑到白的渐变层次就越多，从而色彩表现越丰富。

(4)投影距离

投影距离指投影机镜头与屏幕之间的距离。在狭小空间要获得大的画面，要选择配有广角镜头的投影机，这样就可以在很短的投影距离获得较大的投影画面尺寸；反之，在投影距离很远的影院或礼堂，要选择配有远焦镜头的投影机，这样即使投影距离较远，也可以获得合适的画面尺寸，不至于画面太大而超出幕布大小。普通的投影机为标准镜头，适合大多数用户使用。

(5)灯泡寿命

金属卤化物灯使用寿命较短，一般在 1000 小时以下。价格也比较便宜，大约 1000 元。UHE 灯泡是目前中档投影机中广泛采用的光源，寿命较长，一般能达到 3000 小时以上，而且在使用 2000 小时之前亮度几乎不衰减，价格则在 2000～3000 元之间。UHP 灯泡使用寿命最长，可以使用 4000～5000 小时。

投影灯泡是易耗品，它的成本大约占了投影机的 30%，因此购买投影机时要看它配有哪种类型的灯泡。

3. 投影机的保养与维护

投影机是集精密光学、电子、机械于一体的高科技产品，做好日常保养工作，可以延长机器的使用寿命。保养的重点是主要部件的清洁工作，例如镜头、通风过滤网的除尘等。

(1)机身的清洁保养

机身有灰尘和脏污时，先将电源插头拔下，再用柔软的清洁布擦拭，由于机身为塑料，清洁时不应使用醋、酒精等挥发性物质，这样会导致机身漆膜脱落或机身塑料腐蚀变形。

(2)镜头的清洁保养

可以用吹气皮囊将镜头表面的灰尘清除，也可将镜头清洁液滴到镜头纸上，用镜头纸从镜头的中心向外以画圈的方式进行擦拭，如图 7－13 所示。

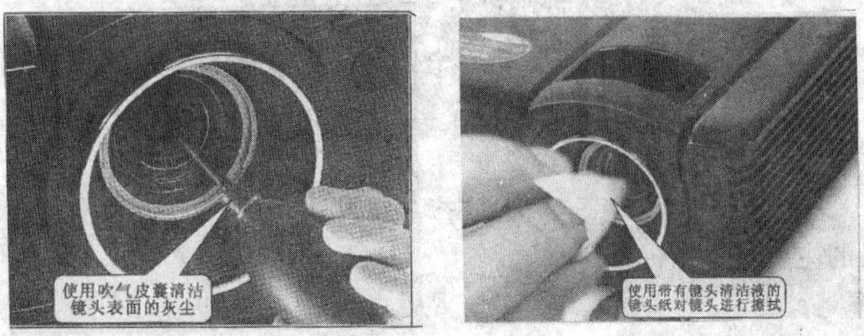

图 7－13　镜头的清洁

(3)通风口和过滤网的清洁保养

过滤网是安装在进气口处，防止灰尘进入投影机内部，投影机工作时灯泡产生大量的热量，需要风扇进行散热，所以进气口、过滤网、散热口及风扇容易沾满灰尘，当灰尘过多时会导致机内过热而出现自动关机现象，因而要养成定期(5～6 个月)对通风口及过滤网进行清洁工作。

进气口、散热口的清洁。可用毛刷对进气口和散热口进行清扫，然后再用柔软湿润的清洁布擦拭。

过滤网的清洁。先将进气口的挡板取下，再将过滤网从挡板里取出，如图 7－14 所示。把过滤网置于清水中进行冲刷，冲洗干净后放在通风处阴干，不宜对过滤网进行烘干或暴晒，防止其变形老化，影响防尘能力。

图 7－14　过滤网的拆洗

(4)投影机使用中的注意事项

① 防尘

由于投影机液晶板和投影灯泡都由专门的风扇为其送风冷却，高速气流经过滤尘网时可能夹带微小尘粒，液晶板成像时极易产生静电而吸附微小尘粒，一个灰尘颗粒就足够把几个象素点挡住，灰尘将严重影响投影画面的质量。因此，应定期进行镜头清洁、过滤网清洁和光路除尘等工作。另外，投影机被闲置时，可以给投影机罩上一层防护罩或塑料袋，这是保持投影机清洁的好办法。

② 防热

投影机内部元件的集成度很高，体积紧凑，投影灯发热高，易导致部件加速老化，所以，投影机应安置在一个相对通风的位置，易散热；放置在桌面上时，不要有纸、布等物体挡住投影机的通风口；另外，投影机持续使用的时间不宜过长，最好不要超过4小时。

③ 防震

在点亮状态时，投影灯泡内的温度达到上千摄氏度，灯丝处于半熔状态，若有震动、搬移投影机，可能会导致灯泡炸裂、灯丝断裂。较轻微的震动，也有可能使液晶片移位、镜头轨道损坏等故障。

④ 维护灯泡，延长其使用寿命

减少开关机次数，关机时等风扇停转后，再关掉电源总开关，避免投影机长时间的工作，有益于延长灯泡的寿命。另外，灯泡上不要有油渍，否则会使灯泡受热不均，对灯泡的损伤较大。不要挡住进风口，否则会影响散热。如果热量散发不出来，灯泡的温度就会高，时间长了，有爆炸的危险。

4 投影机光学系统的工作原理

图7－15是液晶投影机的光学系统工作原理图，投影灯发出白色强光，经滤光镜后滤除紫外光和红外光等不可见光，照射到分光镜上，白色强光被分解为红、绿、蓝三色光，分别照射在3块液晶板上，形成3个单色图像，3个单色图像在投影镜头中叠加在一起合成彩色图像，最后通过镜头投射到银幕上。

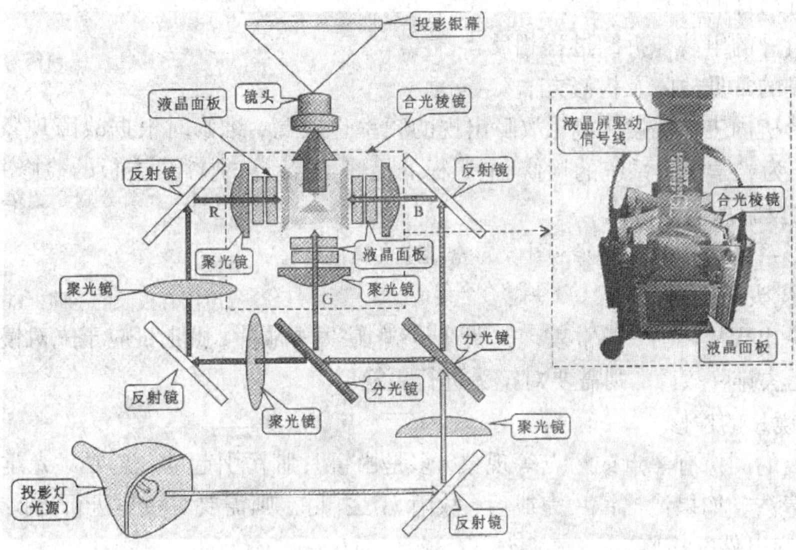

图7－15　液晶投影机的光学系统的工作原理图

三、任务完成

1. 投影灯组件的拆卸

投影灯工作到一定的时间会出现老化现象，银幕亮度不够，图像不清晰，灯泡需拆卸更换，其拆卸步骤如图7－16所示。

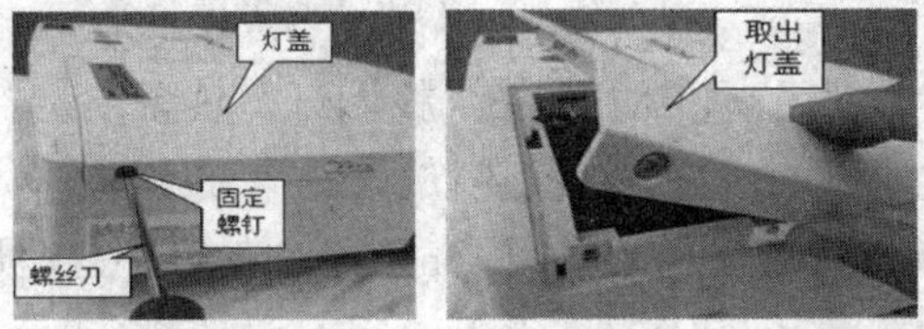

卸下投影机的灯盖

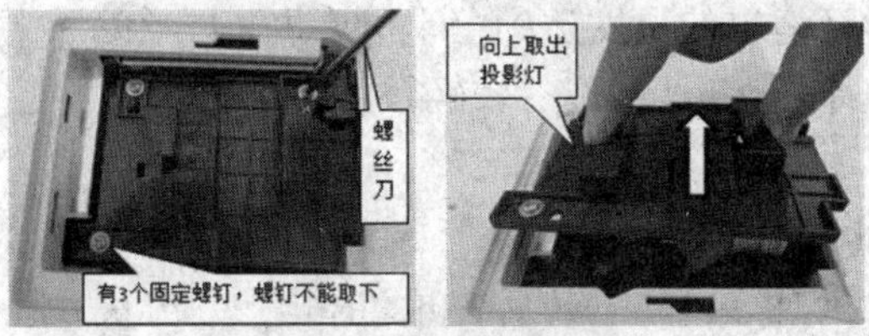

取出投影灯盖

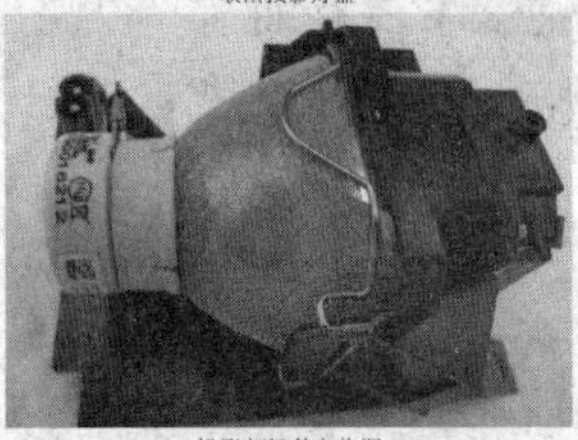

投影灯组件实物图

图 7－16　投影灯组件的拆卸

2. 投影灯组件的组装

投影灯组件的组装与拆卸过程相反。

3. 投影机的常见故障及检修方法

由于投影机内工作温度较高，故障出现的频率也较高，维修时根据故障现象，判断故障的范围，可分为光学投影系统的检修、电源板的检修、镇流器的检修、主板的检修等模块。

(1)光学投影系统的检修

光学投影系统常见故障现象:图像异常、图像模糊等。

① 投影镜头的检修

投影镜头出现故障后，通常表现为图像模糊、缺失等故障，此时，应于先对镜头进行检查和清洁，若无法排除故障，则需要对镜头进行更换。

② 投影镜片的检修

若银幕上的图像有黑点或污点等现象，多是由镜片脏污引起的，需要对光学系统中的多种镜片进行清洁。如果清洁镜片完成后，故障无法排除，则需要对镜片进行更换。

③ 投影灯组件的检修

投影灯工作时间达到使用极限时，机箱上的 LAMP 指示灯会闪红光，投影机自动关闭并进入待机状态，虽然灯泡能继续使用，但还是应更换灯泡，以保证投影机处于最佳工作状态。

更换灯泡后，务必要重新设置灯泡使用时间值，选择菜单→重置→清除灯泡时间，将灯泡使用时间值设置成“0”。

(2)电源板的检修

电源板的作用是将 220V 的交流电压转换成其他电路板上所需的各种电压:5V、6V、15.5V。电源板的工作原理如图 7－17 所示。

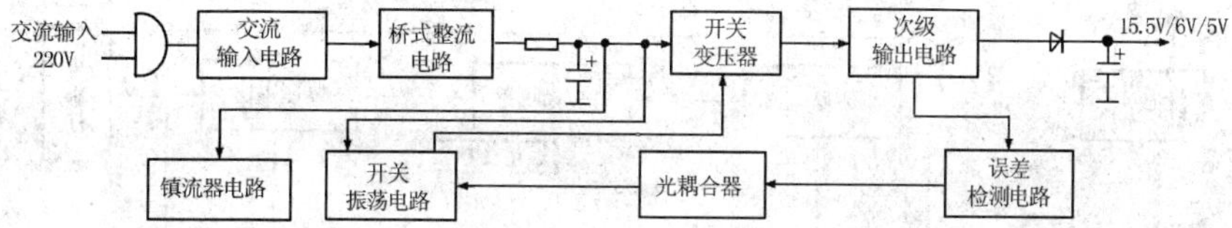

图 7－17　电源电路的工作原理

交流 220V 电压经过交流输入电路滤除干扰，经桥式整流堆整流输出约 300V 的直流电压，为镇流器电路和开关振荡集成电路供电，开关振荡集成电路产生脉冲信号，控制开关管的通断，经开关变压器次级整流滤波，输出 5V、6V、15.5V 直流电压。对次级输出电路的输出电压进行误差检测，并经光电耦合器反馈，控制开关振荡集成电路的脉冲宽度，从而保证输出电压的稳定。

电源板损坏引起的故障现象主要有:通电无反应，电源指示灯亮，不能开机;电源指示灯亮，银幕不亮;开机瞬间银幕有光栅，但光栅消失等。

检修电源板时常常通过测量输出电压正常与否进行排查，具体检修流程如图 7－18 所示。

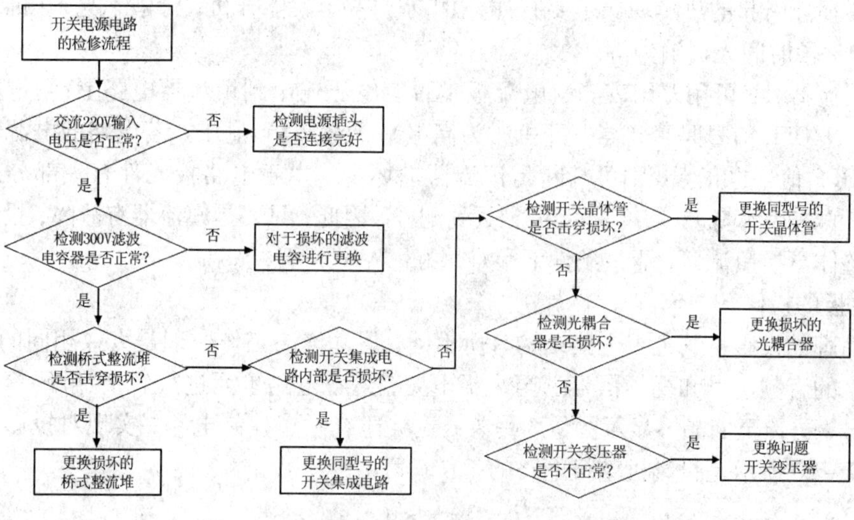

图 7－18　电源电路的检修流程图

电源电路的元器件工作在高压、高温、大电流状态下易被击穿损坏，电源板损坏引起的故障占整机故障率的 50% 以上。检修时首先检查容易损坏的元器件:保险管、桥式整流堆、大功率开关管、大的滤波电容、开关振荡集成电路、光电耦合器、整流二极管等，与液晶电视机开关电源的检修方法是一样的。

(3)镇流器的检修

镇流器电路的作用是产生约 20KV 的高压点亮投影灯，当投影灯正常工作后，提供约 85V 的电压加到灯上，使其稳定发光。镇流器的基本工作原理如图 7－19 所示。

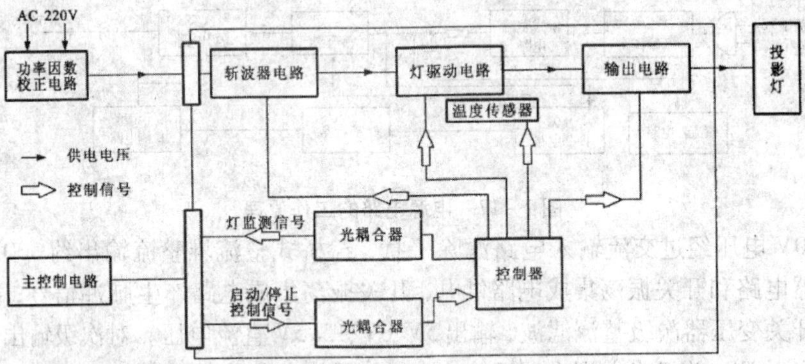

图 7－19　镇流器电路的工作原理简图

交流 220V 的电压经功率因数校正电路后，变成 380V 的直流电压，送到斩波器电路中，同时由主控电路板送来的 ON/OFF 信号也送入控制电路中，使斩波电路、灯驱动电路工作，并由输出电路输出投影灯的启动电压以及灯泡稳定工作时的电压。

镇流器损坏引起的故障现象主要有：电源指示灯亮，不能开机，灯泡不亮；开机后银幕有光栅，工作一段时间光栅消失等。

检修镇流器时，可用万用表测量电源板是否有电压输出到镇流器电路上；测量主控电路板送来的 ON/OFF 信号是否正常，开机时为高电平，约 4.5V 电压。若电路的电源输入电压正常、ON/OFF 信号也正常，则可判断是镇流器损坏了。由于电路板元件有一部分采用贴片元件，板上的芯片大多进口，市场上很难买到配件，因此，只要是镇流器有故障，投影机维修一般采用整体更换镇流器，业余条件下很难修好。

(4) 主板的检修

不同品牌的投影机其主板电路结构有所不同，但基本的工作原理是大致相同的，即由接口电路送来的音频信号和视频信号送至主板电路，经各电路单元进行转换、解码等处理后输出驱动信号，再传至液晶屏显示图像。另外，主板还有系统控制电路，实现对投影机的整体控制。图 7－20 所示是投影机整机电路的工作过程。

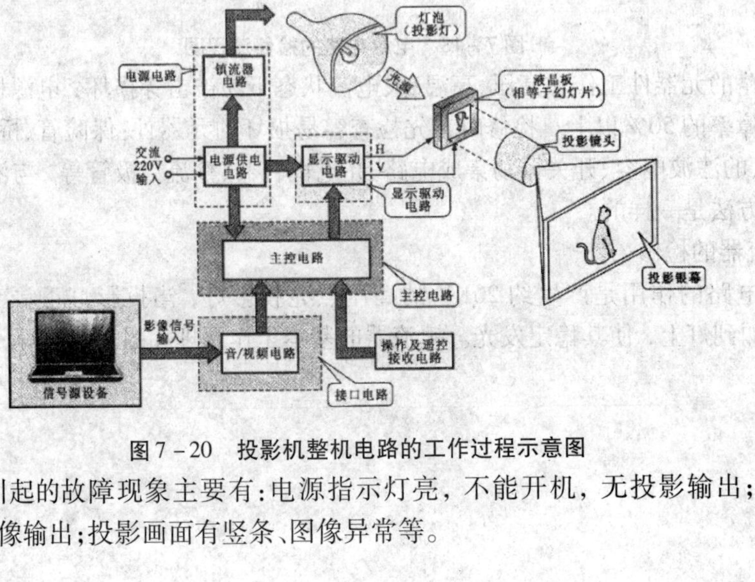

图 7－20　投影机整机电路的工作过程示意图

主板损坏引起的故障现象主要有：电源指示灯亮，不能开机，无投影输出；操作控制失常；没有投影图像输出；投影画面有竖条、图像异常等。

主板检修时，可用万用表或示波器顺其工作信号流程，对各单元电路进行逐一排查，找到故障点。由于主板采用贴片元件，板上的芯片大多进口，市场上很难买到配件，因此，只要是图像或声音方面有故障，投影机维修一般采用整体更换主板，故而投影机的维修费用昂贵。

(5)投影机的常见故障排除案例

故障一:开机黑屏，电源指示灯也不亮

故障分析:这类问题属于电源的故障。由于开关电源不工作，无电压输出，所以电源指示灯不亮。

解决办法:首先检查电源保险管有无损坏，若保险管损坏且烧黑，说明电源电路存在严重的短路故障，应检查整流滤波电路、开关管电路等。若保险管损坏但没有烧黑痕迹，应重点检查开关管及其附属电路等。

故障二:开机黑屏，电源指示灯亮，按面板按键均不起作用

故障分析: 电源指示灯是亮的，表示保险丝没有烧坏，通常情况下电源没有问题，故障一般是 CPU 控制电路引起的。

解决办法:测量 CPU 的工作电压、复位、晶振、存储器等元件。

故障三:投影机自动关机后无法开启

故障现象:投影机在使用过程中突然自动关机，按控制面板的按键或用遥控器都也无法开机。排除了投影机处于待机状态或遥控器没电的可能，但依然无法开机。可是在第二天使用时，又可以正常开机运行了，但是过了半小时左右又出现了自动关机现象。经过一段时间观察发现，投影机总是在开机半个小时左右，之后自动关机，再过半个小时又能恢复正常使用。

故障分析:该问题大多属于光学系统的故障，投影机在使用过程中突然自动关机，如果排除了其他人为原因，那么投影机很可能是处于热保护状态。由于投影灯泡的功率较大，工作时产生大量的热量，所以一般在投影机内部都装有温度传感器，当机内温度超过原先设定的保护温度时，保护电路将启动，这时，投影机对外界的输入操作都不予响应。另外，当控制电路本身有故障时，也会出现此类故障。

解决办法:首先检查投影机的灯泡冷却风扇，排除散热风扇引起的故障。接下来需要仔细观察投影机进风口的过滤网，过滤网积灰过多将会严重影响投影机的散热。这时可以把海绵滤网拆卸下来清洗，重新安装后再观察故障是否已经解决，若依然无法解决则需要检查保护电路和控制电路。

故障四:亮度下降，画面模糊

故障现象:投影机投影出来的画面出现暗黄色或色彩不鲜艳，或是画面模糊不清。

故障分析:如果投影机出现暗黄色或色彩不鲜艳，可能是灯泡使用寿命完毕，需要更换灯泡。导致投影机画质下降的另一原因是，信号源和投影机之间的距离较大，信号线过长导致了信号的衰减过大，这时也会出现画面模糊的现象。

解决办法:当灯泡使用时间已经达到其寿命极限时，应当更换灯泡。更换灯泡之后要重新设置灯泡的使用时间，否则新灯泡将按旧的时间计算，容易加速老化。另外，由于信号线过长导致信号衰减过大，也会引起图像质量下降。这时，可加装一个信号放大器来解决问题。

故障五:投影画面偏色

故障现象:投影机投影出来的图像颜色明显偏绿、偏红或者其他颜色。经重启投影机和计算机后问题依旧。

故障分析:投影机出现偏色现象,可能是投影机的色温调节、伽马调节等参数改变了,可以试着恢复到出厂默认状态,若问题仍未能解决,则可能是 VGA 信号线有问题,应检查信号线是否有弯曲或折断,接口是否松动等。

解决办法:重新连接接口插头。如果发现连接线有断针或插针弯曲,则需更换连接线。若信号线没有问题,依然出现偏色现象,则可能是液晶板损坏所致。

故障六:投影机可以持续用一段时间,然后自动关机,过了几分钟又能继续使用。

故障分析:由于投影机在工作过程中,会散发出很高的热量,因此,它内部有专门的散热风扇,当带微小尘粒的高速气流,经过过滤网时相互磨擦,产生静电而吸附于散热系统中,造成机内灰尘过多,引起散热不良,机内温度过高,使过热保护电路动作,投影机停止工作。

解决办法:将投影机的散热进风口拆开,把防止灰尘入侵的海绵取出来,放到清水中进行冲洗,烘干后再装回去。同时,对投影机内部进行除尘。

思考题

1. 投影机的内部有哪些主要部件?
2. 投影机有哪些主要技术指标?
3. 简述投影机的保养与维护。
4. 简述液晶投影机光学系统的工作原理。
5. 液晶投影机的镇流器有何作用?
6. 投影机开启后,电源指示灯亮但银幕不亮,分析故障原因。
7. 投影机亮度下降,画面不清晰,如何排除故障?

项目八　打印机的维护与维修

打印机是将电脑内储存的数据以文字或图形的形式输出到纸张上的一种设备。自1968年推出第一台打印机以来，人们相继研发出喷墨打印机和激光打印机，打印的图案也从黑白发展到彩色。目前，打印机在商业、教育、卫生等领域获得了大量的应用。

一、任务名称

本任务名称是打印机的维护与维修。打印机是现代办公设备中必不可少的重要设备，它的使用率极高，需要经常维护和维修。

二、任务描述

1. 激光打印机的基本结构

(1)打印机的分类

打印机是最常见的办公设备之一，按工作原理分类，可分为针式打印机、喷墨打印机、激光打印机三种，它们的特点如图8-1所示。

针式打印机

喷墨打印机

激光打印机

图 8－1　打印机的分类及特点

其中激光打印机打印速度快、打印效果最好，几乎达到了印刷的水平，而且噪音小，打印量大时，打印成本最低，因此激光打印机逐渐成为主流。本次任务将介绍激光打印机的维护与维修。

(2)激光打印机的外部结构

以惠普(HP LaserJet 2200D)激光打印机为例，它的外部由外壳、自动输纸盒、手动输纸盒、操作面板、电源开关、USB 接口、并行数据接口等构成，如图 8－2 所示。

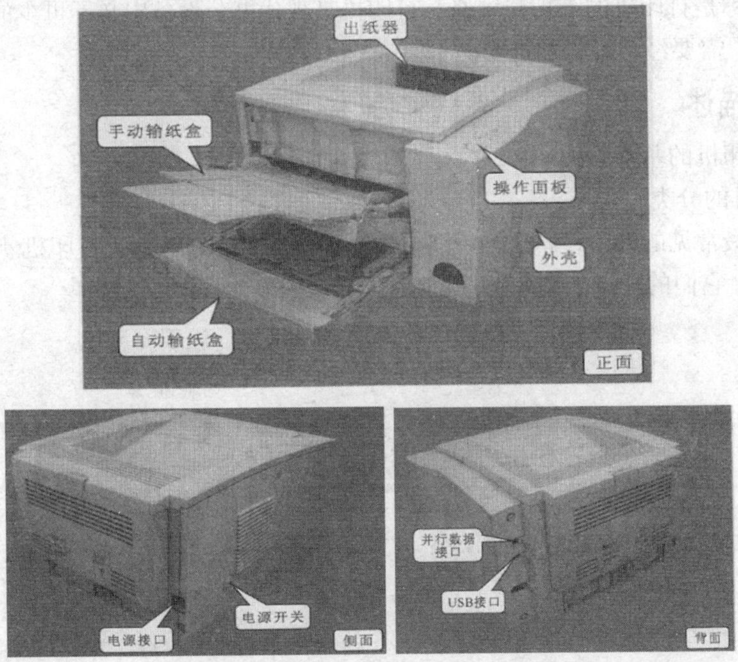

图 8－2　激光打印机的外部结构

(3)激光打印机的内部结构

拆下打印机的外壳后，可以看到激光打印机的内部是由激光成像系统(扫描系统、显影机构、定影构成)、纸传动机构、电路板三部分构成，如图 8－3 所示。

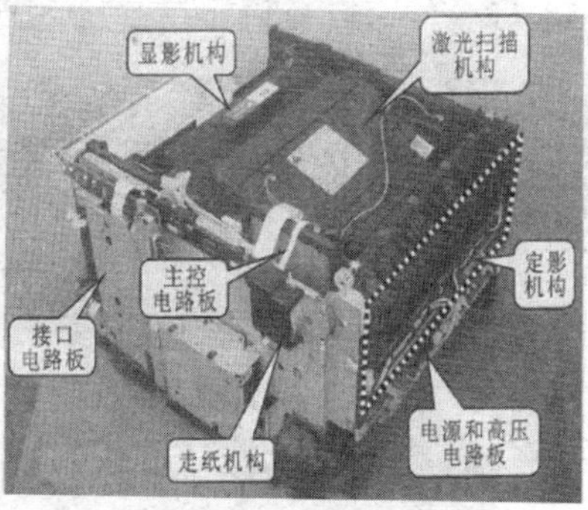

图 8－3　激光打印机的内部结构

(4)激光打印机主要组件的内部结构

激光打印机主要组件有扫描系统、显影机构、定影机构和纸传动机构。

① 激光扫描系统

扫描系统是为显影组件提供图文信息的主要部件，主要由扫描器及其驱动电路、激光调制电路、同步器、激光发射器、透镜(柱面透镜、球面透镜、扇形透镜)等构成，如图 8－4 所示。

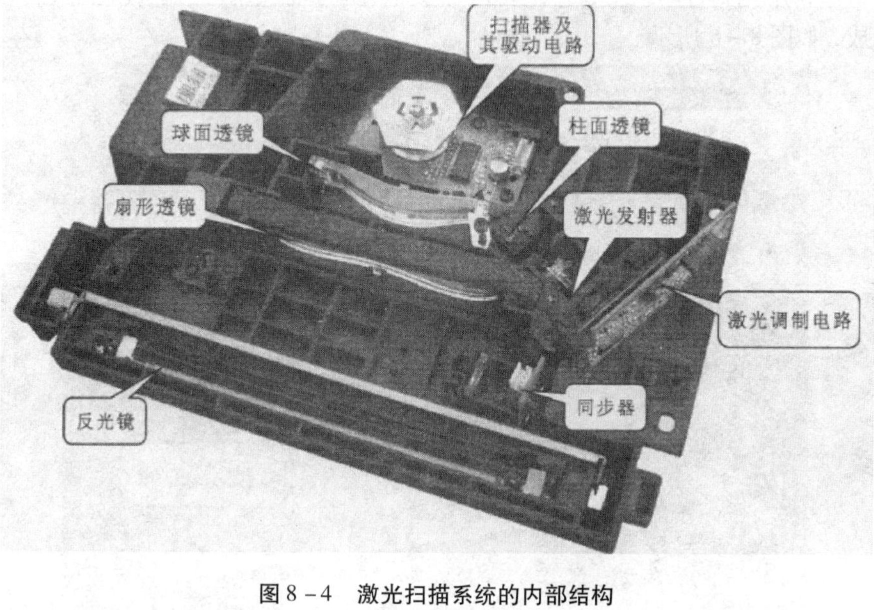

图 8－4　激光扫描系统的内部结构

② 显影机构

显影机构是打印过程的主要部件，由墨粉仓、刮墨板、废粉仓、清洁刮板、感光鼓(感光鼓)、充电辊、显影辊等部件构成，如图 8－5 所示。

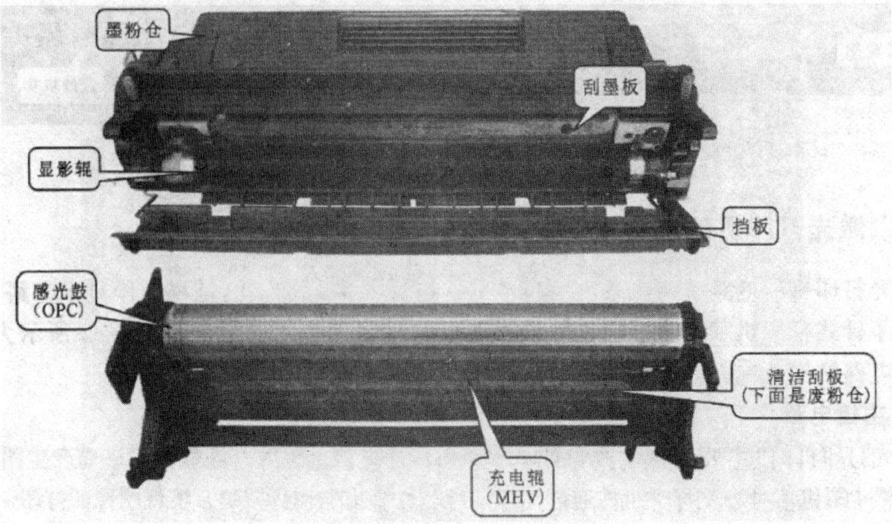

图 8－5　显影机构的内部结构

③ 定影机构

用于将墨粉熔化到打印纸上，它主要由加热辊、压力辊、塑料护盖、传感器、出纸辊、纸传动轮等构成，如图 8－6 所示。

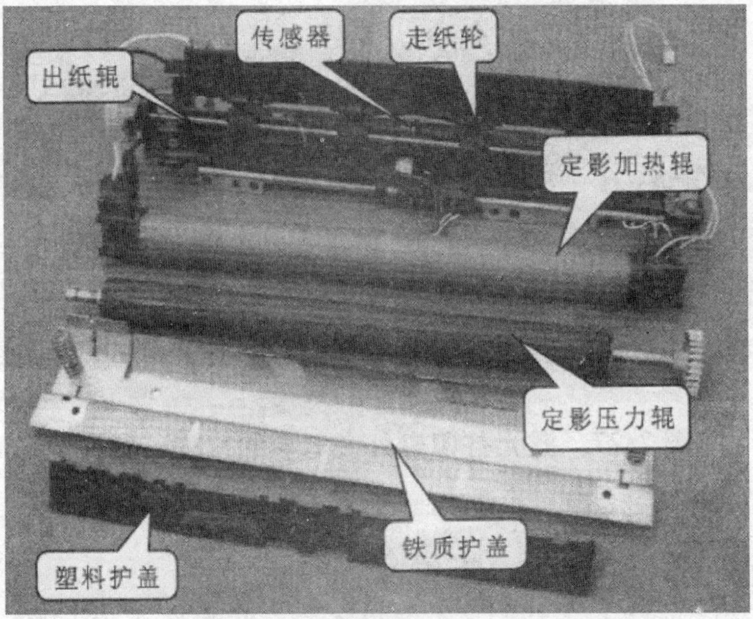

图 8－6　定影扫描系统的内部结构

④ 纸传动机构

它的作用是传送打印纸，由纸传动驱动电机、齿轮组等构成，如图 8－7 所示。

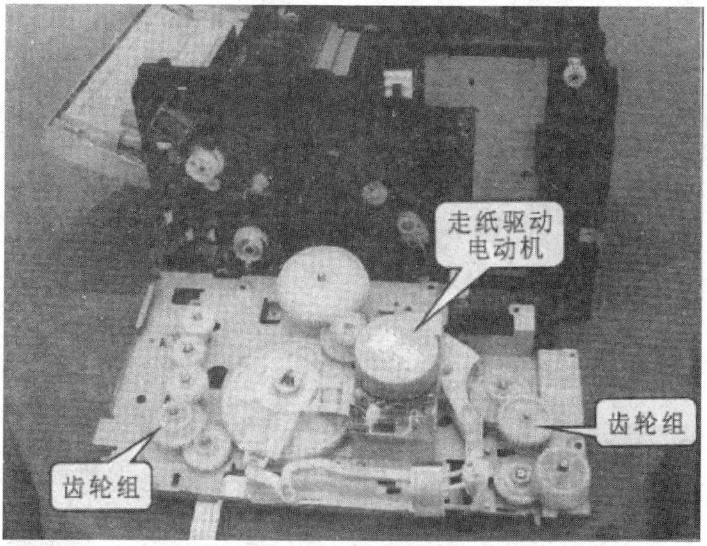

图 8－7　纸传动机构的结构

（5）激光打印机的电路结构

激光打印机的电路由主控电路板、电源电路板和接口电路板构成，如图 8－8 所示。

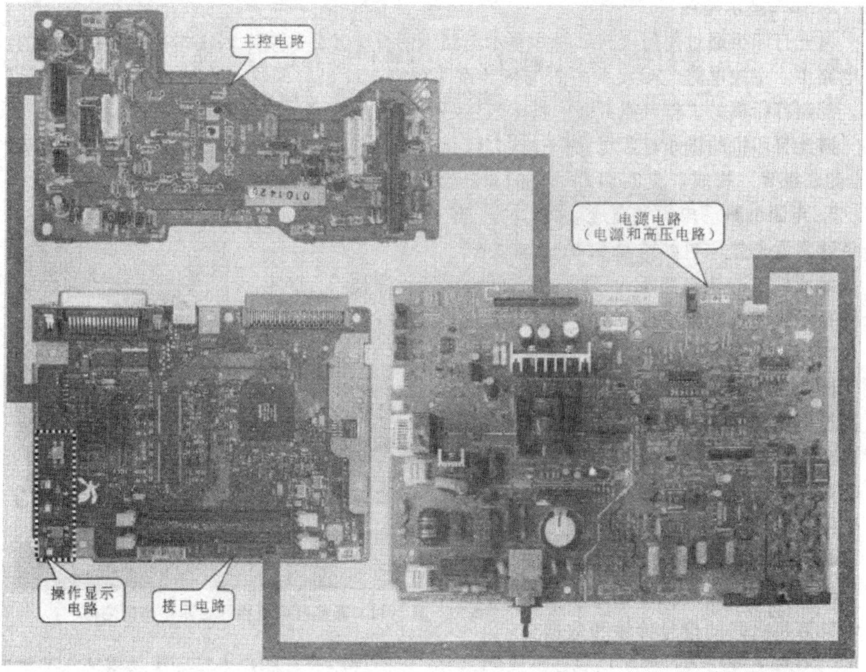

图 8－8　激光打印机的电路结构

①主控电路板

主控电路板的作用是处理打印命令和接收电脑输出的打印数据，进而产生图像信号，控制并驱动图像信号，实现图像信号的打印。有些打印机的打印数据是在电脑中完成，因而主控电路板很简单，只有接口信号处理芯片和各种接收信号的插头。图 8－9 是主控电路板的结构，该电路板上集成了操作显示电路，通过按动电路板上的开关按钮，实现对打印机的控制操作。

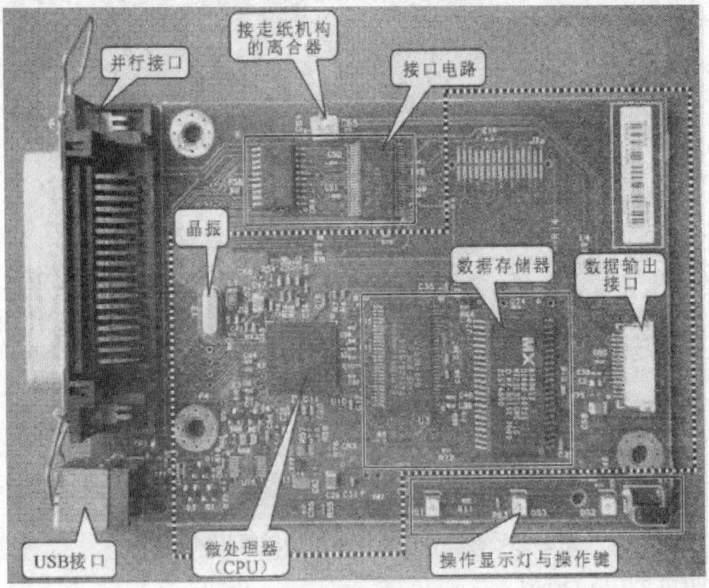

图 8-9　主控电路板的结构

② 接口电路板

接口电路板的作用是打印机与电脑之间的信号传输和数据交换。有的打印机的接口电路集成在主控电路板上，而有的打印机则采用独立的一块接口电路板。接口电路主要由高压电路接口、内存插槽、主控电路接口、并行接口、扩展接口等构成。如图 8-10 所示。

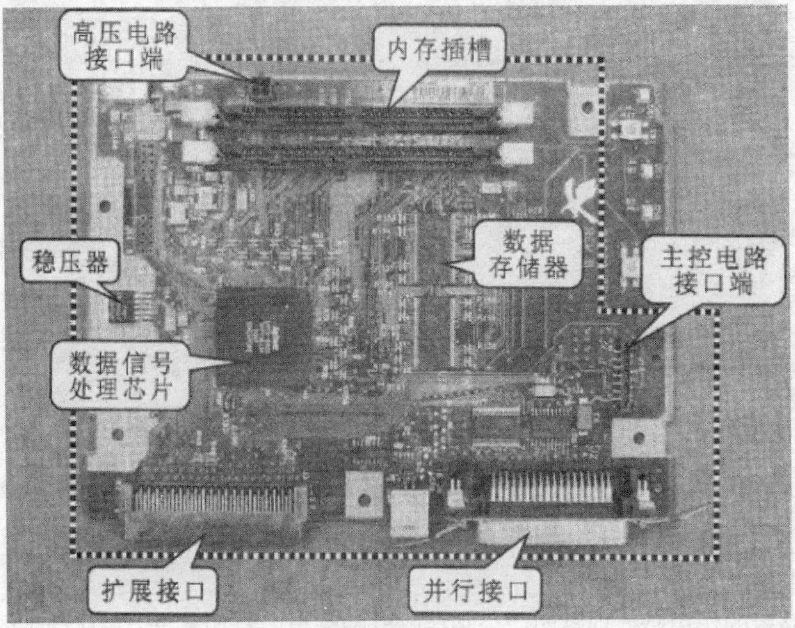

图 8-10　接口电路板的结构

③电源板

电源板的作用是为主控电路板、接口电路板及其他部件提供工作电压。通常电源电路和高压电路集成在一块电路板上，图 8 – 11 是电源和高压电路的结构，电路主要由开关电源电路、输出转印高压电路、充电辊高压整流电路、显影辊高压整流电路等构成。

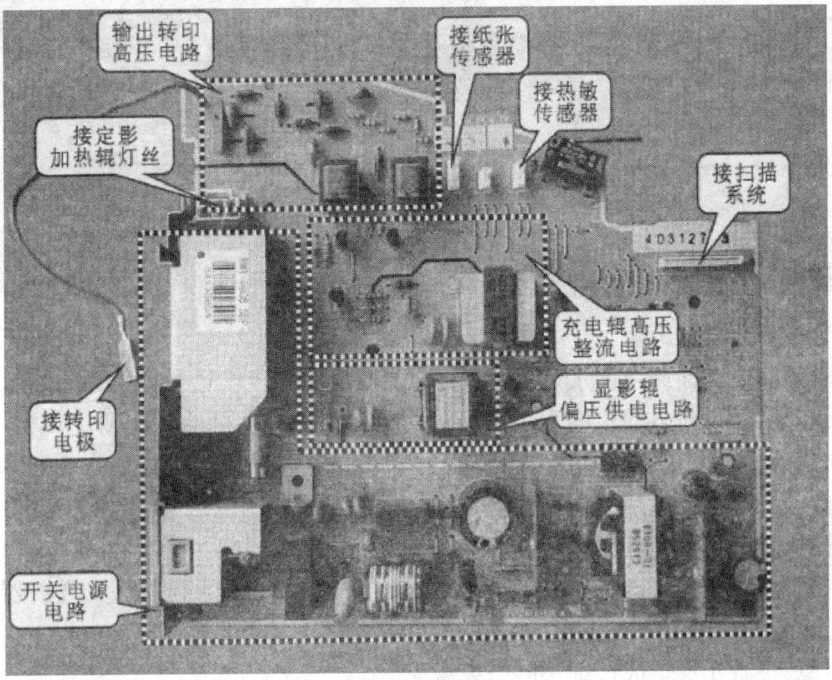

图 8 – 11　电源电路板的结构

2. 激光打印机的工作原理

(1) 激光扫描系统的结构及工作原理

①激光扫描系统的组成

所有的激光打印机扫描系统都是相似的，主要由扫描部分、激光调制发射部分和光学部分组成，图 8 – 12 是激光扫描系统实物图。

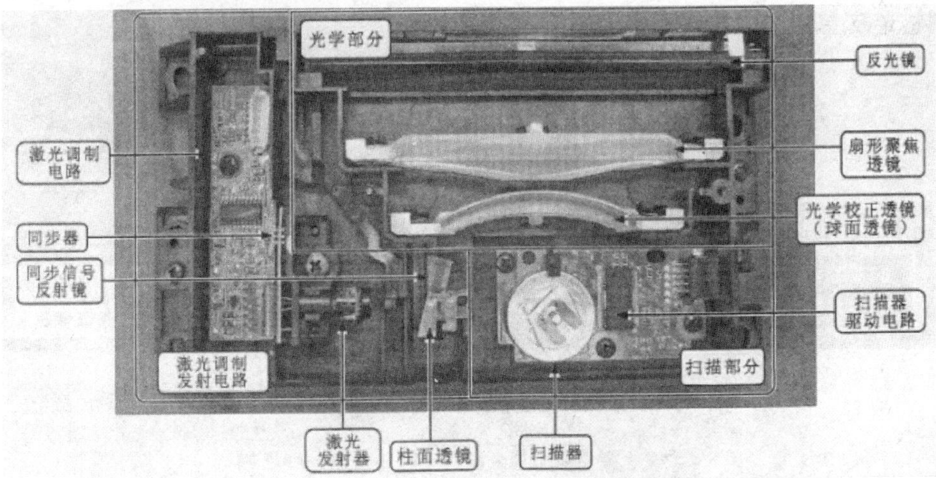

图 8 – 12　激光扫描系统实物图

激光扫描部分：主要由扫描器和扫描器驱动电路组成，如图 8 – 13 所示。

图 8－13　扫描器及扫描驱动器电路

扫描器:是一个四面或六面反射棱镜，将激光束反射到光学透镜。

扫描器驱动电路:对电动机的驱动信号进行处理，使电动机的转速和旋转相位与需要打印的图文数据同步，即电路每输出一行，电动机就旋转一定的角度。

激光调制发射部分:包括激光发射器、柱面透镜、激光调制电路、同步器，见图 8－12。

激光发射器:产生激光，作为扫描光源。

激光调制电路:根据将要打印的图文数据，转换成控制信号，控制激光发射器的开和关、激光的强弱。

柱面透镜:将激光汇聚成很细小的一束激光。

同步器:产生同步信号，使打印数据信号与扫描器的驱动电动机转动保持同步。

光学部分:位于扫描器前面的一组光学透镜，通常由球面透镜和扇形透镜组成，主要作用是将扫描器反射出来的激光束进行聚焦，消除漫反射，以形成精细的激光束照射到感光鼓。

②激光扫描系统的工作原理

图 8－14 为激光扫描系统的工作原理。激光发射器发射出来的激光经过柱面透镜会聚后，照射到扫描器，扫描器在电动机的带动下旋转，将激光束转射到光学透镜进行聚焦，并照射到感光鼓上。

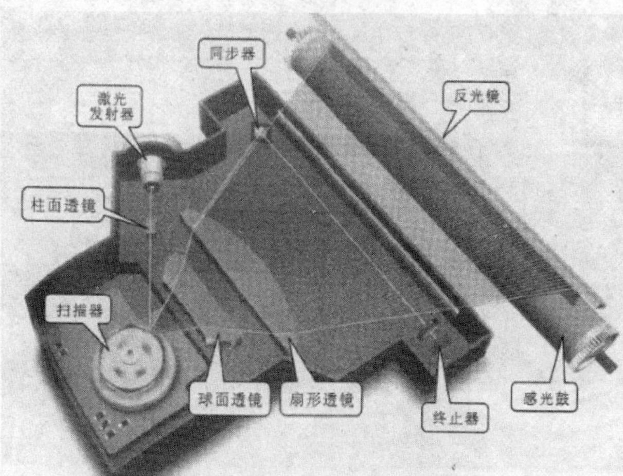

图 8－14　激光扫描系统的工作原理

(2) 显影组件的结构及工作原理

①显影组件结构

显影组件又称为感光鼓组件，一些电脑专业人员习惯把它称为硒鼓，因为早期用硒作感光材料来蒸镀附着在鼓基上，故称之为硒鼓。它主要由墨粉仓、废粉仓、清洁刮板、感光鼓、充电辊、显影辊等部件构成，如图 8－15 所示。

显影组件的外观

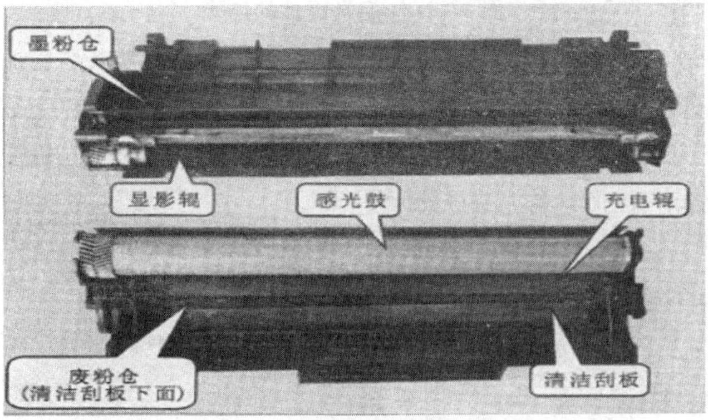

显影组件的内部结构

图 8－15　显影组件的外观和内部结构

墨粉:又称碳粉，主要成分不是碳，而是由树脂、碳黑、电荷剂、磁粉等组成。墨粉用完之后，用户可自行添加使用，是常用的耗材。

废粉仓:用来收集从感光鼓表面刮下来的废粉。

感光鼓:感光鼓外表面涂有一层感光材料。预先给感光鼓带上电荷(充电)，当光照射时，照射区域的电阻会发生变化，该部分将没有电荷，电荷被释放掉。

充电辊:它的作用是对感光鼓表面充上均匀的电荷。

显影辊:表面带有电荷，吸附墨粉，便于感光鼓从显影辊上吸取墨粉形成墨粉图像。

②显影组件的工作原理

充电辊预先给感光鼓充电，当代表图文信息的激光照射到感光鼓时，照射区域的电荷被释放掉，这样感光鼓上就形成了图文信息的电荷图像。感光鼓旋转靠近显影辊时，电荷吸附墨粉，感光鼓上就形成了墨粉图像。这时感光鼓转到纸张附近时，由于静电吸引，墨粉图像被吸附到纸张上，即纸张上有了图文信息，这就是显影过程。

(3) 定影组件的结构及工作原理

①定影组件的结构

定影组件主要由加热辊、压力辊、纸张传感器、出纸辊和纸传动轮等组成，如图 8－16 所示。

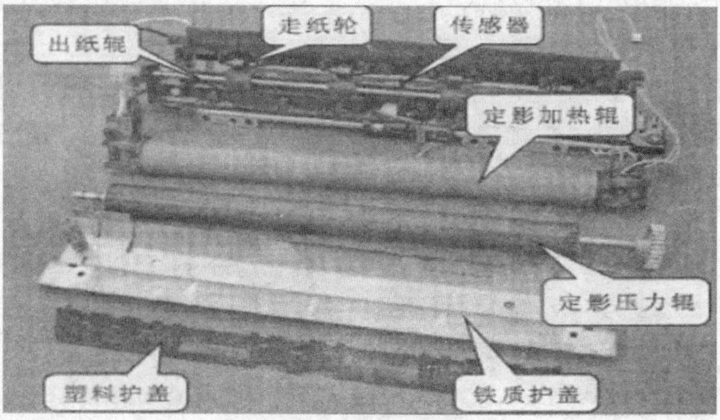

图 8 – 16　定影组件的结构

定影加热辊:它的外部有一层定影膜，内部有加热作用的定影灯，加热辊旁安装有传感器(热敏电阻)，通过电路的控制，可以将加热温度控制在 150℃ ~200℃的范围内。

压力辊:它的外层是抗热橡胶，与加热辊配合，对纸张热压，完成定影工作。

出纸辊和纸传动轮:传递定影后的打印纸张。

纸张传感器:用于检测打印纸的输纸状态，判断是否卡纸。

②定影组件的工作原理

定影是打印纸出来的最后一个步骤，吸附有墨粉的打印纸通过定影组件时，加热辊对墨粉加热，使墨粉热融固化在纸张上。

（4）纸传动机构的结构及工作原理

①纸传动机构的结构

纸传动机构主要负责纸张的传送工作，它由电动机、传动齿轮、光电感应器、搓纸轮等组成，不同品牌的激光打印机，其外部和内部输纸通道的结构也各不相同。图 8 – 17 为 HP 2200D 激光打印机的输纸传动机构。纸传动机构由输纸驱动电动机提供电力，通过齿轮组传递动力，完成纸张的传送。

图 8 – 17　HP 2200D 激光打印机的纸传动机构

②纸传动机构的工作原理

摩擦式传动系统采用摩擦式电磁离合器，当电磁离合器的线圈通电后产生磁场，离合器中的联动叉向一侧推动，从而推动摩擦弹簧，使弹簧的一端插入联轴器的对位孔中，进而带动搓纸轮旋转，完成一个进纸的过程。

(5) 激光打印机的工作原理

激光打印机要打印出图案或文档，需要经历转换－曝光－显影－转印－定影－清洁六个步骤，如图8－18所示，其打印过程如下：

①转换：电脑里存放的图片、文档等，这些素材是不能被打印机直接拿来用的，需要主控电路转化成打印机能用的数据，即打印机能读懂的“打印语言”。

②曝光：感光鼓是一个可以感光的圆筒，预先给感光鼓带上电荷，当有光线照射时，受到照射的部位会发生电阻的变化。需要打印的数据信号控制着激光的发射，扫描在感光鼓表面的光线不断变化，有的地方受到激光的照射(曝光)，电阻变小，电荷消失，有的地方没有激光照射到，仍保留有电荷。因此，感光鼓表面就形成了以电荷表示的与打印图像完全相同的图像信息。

③显影：又称为显像，感光鼓与墨粉仓接触，感光鼓上有静电荷的部分就会吸附上墨粉，没有静电荷的空白部分则不会吸附墨粉，这样，在感光鼓表面就形成了要打印的墨粉图像。

④转印：就是将感光鼓表面的墨粉图像转移到普通纸上。纸张的后面有一根静电棒，电压高达近千伏，当带有电荷墨粉图像的感光鼓转到纸张附近时，由于静电吸引，墨粉被吸附到纸张的表面，完成转印过程。在梅雨季节，激光打印机的打印质量会变差，这是因为梅雨天气纸张水分含量大，潮湿导致漏电，吸附墨粉不够完全。

⑤定影：将吸附在纸上的墨粉永久地固定在纸上的过程。墨粉熔化的温度约为100°C，定影器加热使墨粉中的蜡(或无色塑料)熔化，渗入纸张纤维，形成牢固的图案。所以刚打印出来的文档，拿起来会发现纸张是热的。

⑥清洁：将墨粉传给打印纸之后，感光鼓表面继续旋转，经过一个清洁器，将剩余的墨粉去掉，以便进入下一个打印循环。

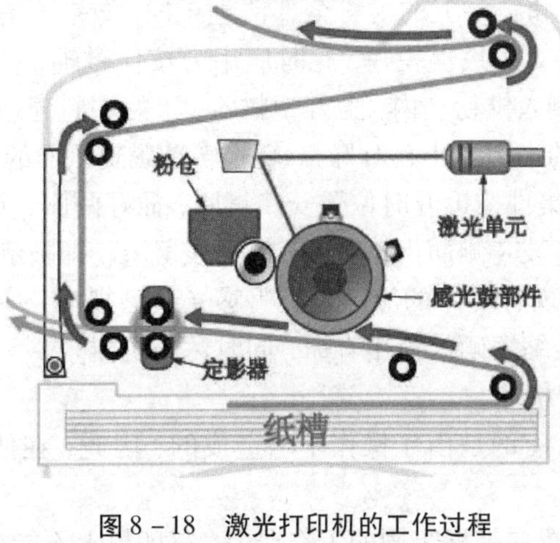

图8－18　激光打印机的工作过程

3. 激光打印机的保养与维护

打印机在使用过程中，应注意日常的保养与维护，保证机器能长时间稳定地工作，同时也能延长打印机的使用寿命。

(1)激光打印机的日常清洁

激光打印机使用一段时间后，打印机的内部、硒鼓、定影组件等会附着墨粉、灰尘，因此，使用1个月左右要做一次清洁保养。

① 外部清洁

· 首先切断电源，再用软毛刷清扫打印机的外壳，除去灰尘后再用湿软布擦拭。

· 取出硒鼓，用软毛刷清扫硒鼓上残留的墨粉，再用湿软布擦拭。

· 取出打印纸，用湿软布擦拭自动(手动)输纸盒。

· 内部清洁。

② 清洁感光鼓和充电辊:感光鼓的表面不能用手去摸，以免留下手印痕迹。可用医用棉花擦拭感光鼓和充电辊，对于顽固污渍不要用力刮擦，用专用清洁剂处理;若感光膜表面有划伤、磨损严重，只能更换感光鼓。

③ 清洁定影辊和搓纸轮:搓纸轮脏污可能出现卡纸现象，用蘸有酒精的棉花擦拭定影辊和搓纸轮。

④ 激光组件和透镜的清洁:用蘸有酒精的棉花擦拭这些部件即可。

⑤ 电路板的清洁:用软毛刷清扫电路板，对于积灰尘较多的地方，可用蘸有酒精的棉花擦拭。

(2)激光打印机墨粉的加注与废粉的清理

① 打开机器取出硒鼓，用斜口钳夹住一侧面金属销钉，向外用力拔出，两侧银色金属销钉拔出后可将硒鼓分成两部分，带有鼓芯一方是废粉收集件，带有磁辊一方是供粉件。

② 清理废粉:将废粉收集件中淡蓝色感光鼓两侧的金属定位销拔出，取出感光鼓于阴暗平稳处，拿出放电辊，再将刮板上的两个镙钉旋下，移去刮板，慢慢将废粉仓内废粉倒出，再把刮板、放电辊、感光鼓按原来位置复原(如需更换鼓芯、刮板，此时将旧鼓芯、刮板换成新的即可)。

③ 灌装墨粉:将供粉件上磁辊无齿轮一侧的镙钉旋下，拿下塑料壳后可看到一个紫色塑料盖，打开此盖，将粉仓内和磁辊上的墨粉全部清理干净(如果不清理磁辊和粉仓打印样张可能出现底灰或字迹发浅)，将磁辊装好，此时应用力按住磁辊，防止磁辊脱离原位。把激光打印机墨粉摇匀后慢慢倒入供粉仓内，盖好塑料盖，上好塑料壳(此时应注意:磁辊中轴末端上的半圆形与塑料壳上的半圆形小孔对好)，轻轻转动磁辊侧面的齿轮数圈，使墨粉上匀。

④ 将供粉件和废粉收集件按拆开时位置安装复原，插好两侧金属卡销。硒鼓装好后，应推开感光鼓挡板，向上轻转鼓芯侧面齿轮数圈，鼓面残留墨粉即被清除，装机即可使用。

注意事项:当纸面上出现有规律的黑点，证明感光鼓已损坏，应及时更换。所加墨粉应为纯正激光机墨粉，否则会缩短硒鼓使用寿命，同时污染机器。

(3)正确使用激光打印机

激光打印机出现故障，有的是由于操作不当造成的，因此，在使用打印机的过程中，要掌握正确的操作方法。

① 激光打印机必须放置在平稳牢固的工作台上，打印机上不能放置其他物品，防止在打

印过程中产生振动。

② 添加打印纸时，必须将导纸板调整至与纸张尺寸相适应的位置，纸张要放置平整，否则会造成卡纸。

③ 使用激光打印机的持续时间不宜过长，避免定影器等内部器件温度过高而损坏。

④ 打印期间，输出托盘周围很热，不要用手触碰托盘周围的区域。

⑤ 打印过程中，若要停止打印作业，最好在电脑上点击取消打印命令。切不可直接切断电源，否则易导致卡纸，严重时还会对电路造成损坏。

三、任务完成

1. 激光打印机的拆卸

激光打印机的拆卸过程如图 8－19 所示。

取出感光鼓和纸盒

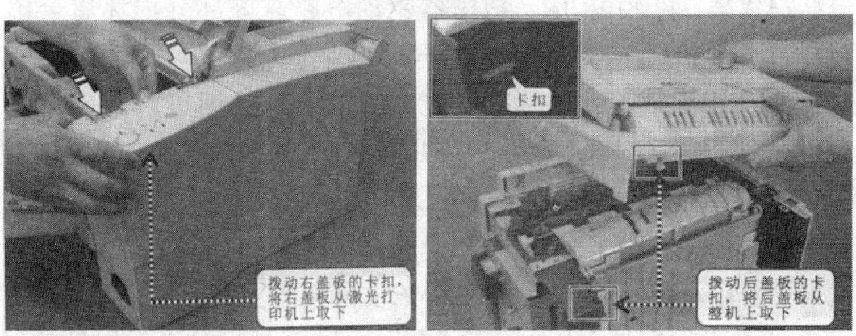

取出左盖和后盖

取出上盖和左盖

图 8－19　激光打印机的拆卸过程

2. 激光打印机的组装

激光打印机的组装与拆卸步骤相反。

3. 激光打印机的常见故障及检修方法

打印机使用一段时间后会出现打印品质下降、卡纸、字迹有缺陷、墨迹不均匀等故障，在对打印机检修前要根据故障现象，判断产生故障的单元或部件，有针对性地进行检修。激光打印机的功能单元有打印机成像系统、纸传动机构、主控电路等部分，了解各功能单元的工作过程及故障现象，维修起来才能得心应手。

(1)激光打印机成像系统的检修

激光打印机成像系统常见的故障现象:打印文件或图像不良、出现横向黑色条纹、打印纸张空白等。

激光打印机的成像系统主要由扫描系统、显影组件、定影组件组成。它的作用是由激光扫描系统发射激光束，对要打印的文件或图片进行扫描，经过显影组件在感光鼓上形成墨粉图像，并把墨粉图像转印到纸张上，最后由定影组件对纸张上的墨粉进行热熔，固化在纸上形成打印品。

① 激光扫描系统的检修

激光扫描系统损坏的故障现象:激光扫描系统是将电脑传来的数据信号控制激光的发射，并照射到感光鼓上。激光扫描系统出现故障，将导致打印的图文信息品质下降，出现横向黑色条纹、甚至打印纸张空白等现象。可分别对扫描部分、激光调制发射部分和光学部分进行检修。

· 激光扫描部分的检修

扫描部分包括扫描器、驱动电动机、扫描器驱动电路。该部分损坏后会出现打印空白页面、白色条纹等故障。检修时，应先进行清洁再对电路进行检测。打印纸上有白色条纹，可能是扫描器上有脏物，用蘸有酒精的棉花擦拭扫描器上污物即可解决问题;打印空白页面，则需要检查电动机和驱动电路，驱动电路板采用贴片元件，维修有一定的难度，一般更换整个电路板。

· 激光调制发射部分的检修

激光调制发射部分损坏后会出现打印墨粉浓度降低、打印页面空白等故障。检修时，用蘸有酒精的棉花擦拭激光发射器、柱面透镜，再用万用表测量激光发射器的好坏。激光调制电路采用贴片元件，通常采用更换整个电路板。

· 光学部分的检修

光学部分损坏后常会引起打印图文扭曲、打印页面模糊不清等现象。检修比较简单，用蘸有酒精的棉花擦拭球面透镜和扇形透镜即可。

② 激光打印机显影组件的检修

感光鼓是激光打印机里最重要的部件，也是常见的办公耗材。常见故障是感光鼓划伤、磨损和老化，如图 8－20 所示。故障现象为图像暗淡、有白线或黑线等。

图 8－20 感光鼓存在坏点、磨损现象

· 墨粉欠缺。纸上图文暗淡，有的文字打印不出来。添加墨粉即可解决问题。

· 感光鼓划伤。纸上有白线或黑线，需要更换感光鼓才能解决问题。

· 感光鼓磨损或老化。打印的图文暗淡，也需要更换感光鼓。

中档的感光鼓使用寿命约 1 万页，更换时需要拆卸感光鼓组件，可上网去查看相关型号的拆卸视频，减少维修差错。最省事的办法是更换整个感光鼓组件，但费用相当昂贵。

③ 激光打印机定影组件的检修

定影组件结构简单，检修不难，故障通常表现为打印墨粉不牢、字迹不清、卡纸等现象。检修时先对定影加热辊、压力辊用医用棉花擦拭进行清洁，通过测量加热辊接口的定影灯两端电阻，阻值应为几欧姆，说明定影灯良好。

(2)激光打印机纸传动机构的检修

纸传动机构出现故障，通常会引起打印机不进纸、卡纸、纸张传送不畅等现象。检修时，先检查机械部分，观察各种齿轮是否有磨损现象，用医用棉擦拭脏污的部件，再用万用表测量电动机、电磁铁的电阻，判断其好坏，纸传动机构维修难度不大。

(3)激光打印机主控电路的检修

主控电路出现故障，通常会引起不打印、停机、不开机等现象。一般采用排除法判断主控电路板的好坏，如果电路板的供电正常，各种接口插座也没有松动，基本上可确定电路板损坏了。由于采用贴片元件，厂家也不提供电路图，维修难度大，常采用更换整个电路板来解决问题，电路板可网购。

(4)激光打印机接口电路的检修

接口电路损坏后，通常会出现能开机但不打印、提示无打印机等故障。检修时，首先测量电路板的供电是否正常，各种接口插座是否松动，若都正常，则可能是电路板损坏了。由于电路采用贴片元件，厂家也不提供电路图，维修难度大，常采用更换整个电路板来解决问题，接口电路板也可网购。

思考题

1. 激光打印机有哪些主要组件?
2. 简述显影组件的工作原理。
3. 定影组件由哪些部件构成?
4. 简述激光打印机的工作原理。
5. 如何进行激光打印机的保养与维护?
6. 打印纸张的墨粉浓度降低，有的文字模糊不清，试分析打印机故障原因。
7. 分析打印机卡纸原因及解决的办法。

项目九 复印机的维护与维修

一、任务名称

本任务名称是复印机的维护与维修。复印机是一种将文件和影像快捷地复制到纸上的设备，由美国施乐公司于1960年开发，它改变了人们的办公方式。目前，复印机已成为不可缺少的现代化办公设备，它不仅具有精密的机械传动系统，同时还具有高度智能化的控制电路，功能也越来越多，还具有打印、扫描、传真等功能，复印机在商业、教育及政府机构中得到了广泛应用。

二、任务描述

1. 复印机的种类和功能

(1)复印机的分类

可以从工作原理、复印速度、复印颜色等方面对复印机进行分类。

① 根据工作原理分类

根据工作原理的不同，可分为模拟复印机和数码复印机两种，模拟复印机是最早出现的产品，仅具有复印功能；数码复印机是近年来逐渐流行的办公设备，功能多样化，同时还具有打印、扫描、传真等功能。因此，市场上主要以数码复印机为主，价格也平民化，几百元就可以买到家用复印机，图9－1是模拟复印机和数码复印机的外形结构。

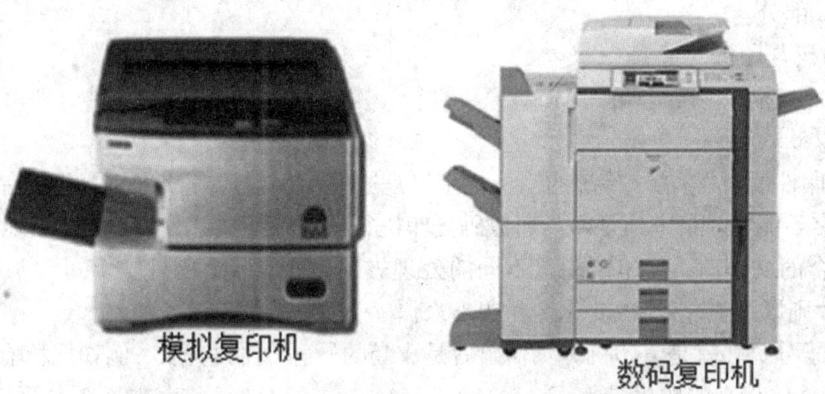

图9－1 模拟复印机和数码复印机的外形结构

② 按复印速度分类

根据复印速度的不同，可分为低速、中速和高速复印机，低速复印机每分钟可复印 A4 纸文件 10 ~ 30 张；中速复印机每分钟可复印 30 ~ 60 张；高速复印机每分钟可复印 60 张以上；图 9 - 2 是低、中、高速复印机的外形结构。

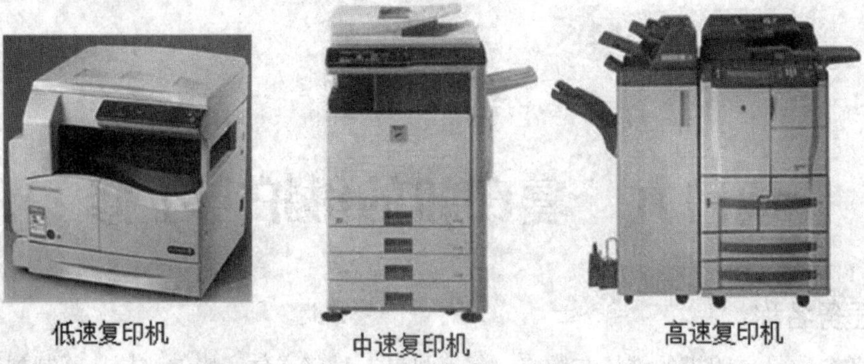

图 9 - 2　低速、中速、高速复印机的外形结构

③ 根据复印颜色分类

根据复印颜色可分为单色(黑白)复印机和彩色复印机两种，彩色复印机以黄、蓝、红、黑四种颜色碳粉进行合成，实现彩色复印。

(2)数码复印机的主要功能

① 复印:复印功能是数码复印机的核心功能，而且复印速度快，可以彻底地取代普通复印机。

② 打印:是复印机的一种延展功能，复印机也可以作为打印机使用，从打印速度、打印质量、纸张处理能力、打印功能等方面与打印机完全一致，在打印负荷和单页打印成本方面甚至要优于普通的打印机。

③ 扫描:扫描功能也是复印机的一种延展功能，相较于普通的扫描仪，数码复印机的功能更倾向于文档扫描，图片扫描略显逊色。

④ 网络:数码复印机可以接入网络，与信息系统和办公系统融合，成为企业信息化系统的重要组成部分。

(3)数码复印机的特点

① 一次扫描，多次复印。只需对原稿进行一次性扫描，存入存储器中，即可随时复印所需的份数。

② 复印件清晰、整洁。传统的模拟复印机是通过光反射原理成像，因此会有偏差，造成图像与文字不能同时清晰地复印。而数码复印机具有图像和文字分离识别功能，在处理图像与文字混合的文稿时，复印机能以不同的处理方式进行复印，因此文字可以清晰地复印出来，而照片则以细腻、多层次变化地复印出来。

③ 电子分页。就是复印机分页输出后是成套的，不需要再分页，例如原稿有 4 页，需要 2 套，复印件输出来的顺序是 1、2、3、4(一套)；1、2、3、4(另一套)；而不分页就是 11，22，33，44，即每页连续印 2 张纸。

④ 快速复印，操作简单。液晶面板显示，操作方便。

⑤ 图像编辑功能强大。能自动缩放、单向缩放、双面复印、组合复印、图像旋转、黑白反转等多种编辑效果。

⑥ 扩展功能丰富。配备传真组件，就能升级成传真机；装备打印组件，就能升级成为双面打印机。安装网络打印卡并连接于局域网，可作为高速网络打印机，实行网络打印。

(4)数码复印机的主要品牌

复印机的核心技术几乎被日本垄断，复印机主要品牌也是出自日本，主要品牌如图 9－3 所示。

日本：佳能、厦普、京瓷、理光、东芝、富士施乐、柯尼卡美能达。

韩国：三星。

台湾：震旦。

图 9－3　数码复印机主要品牌及商标

2. 数码复印机的基本结构

数码复印机是由扫描仪和激光打印机两部分构成的，它主要由扫描组件、激光组件、显影组件、定影组件、输纸机构、电路部分等构成。

(1)数码复印机的外部结构

数码复印机的外部主要由稿台盖板、操作显示面板、出纸口、纸盒、接口部位等构成，将侧盖板打开后，可看到墨盒、显影组件等部分，如图 9－4 所示。

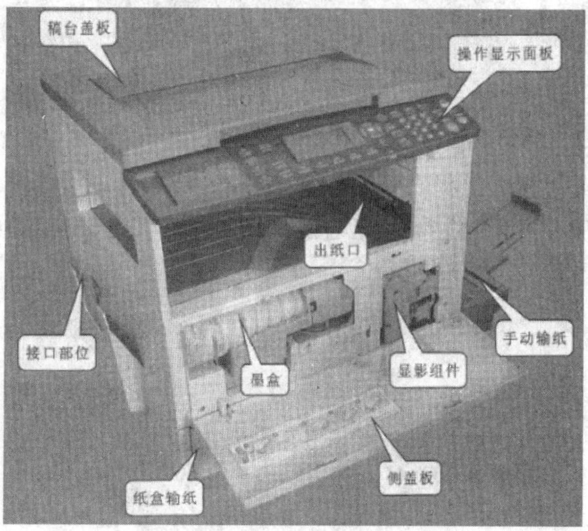

图 9－4　数码复印机的外部结构

(2)数码复印机的内部结构

数码复印机的内部结构主要由扫描组件、激光组件、显影组件、定影组件、输纸机构、电路部分等构成。

① 扫描组件

扫描组件用于对原稿扫描，将原稿的图文信息转换为电信号送入主板电路。常用 CCD 扫描组件如图 9－5 所示。

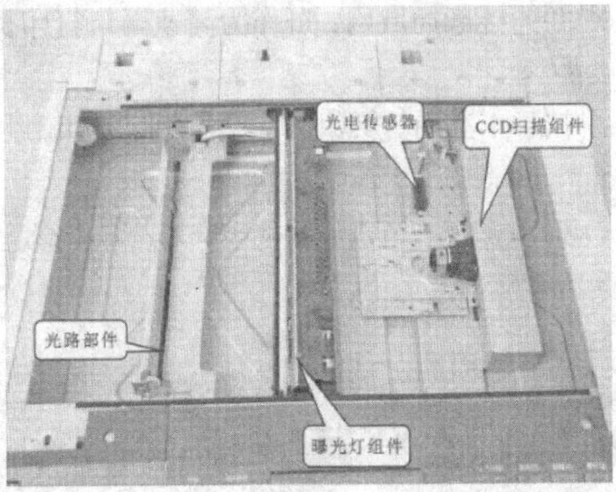

图 9－5　CCD 扫描组件

② 激光组件

激光组件是发出激光束，并对感光鼓进行扫描，如图 9－6 所示。

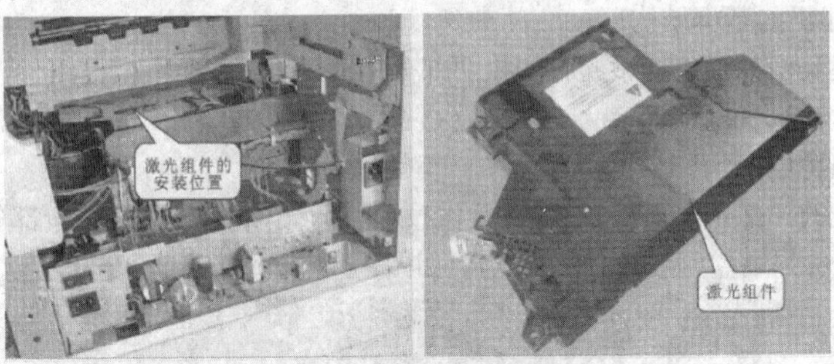

图 9－6　激光组件

③ 显影组件和供墨组件

供墨组件的作用是为感光鼓提供墨粉。

显影组件主要由感光鼓中、刮墨板、充电辊、废墨仓、转印辊等构成，如图 9－7 所示。

图 9－7　显影组件

④ 定影组件和输纸机构

定影组件由加热辊、压力辊、输纸轮等构成，它把复印纸上的墨粉热熔固化到纸张上，图9－8是定影组件的外部结构。

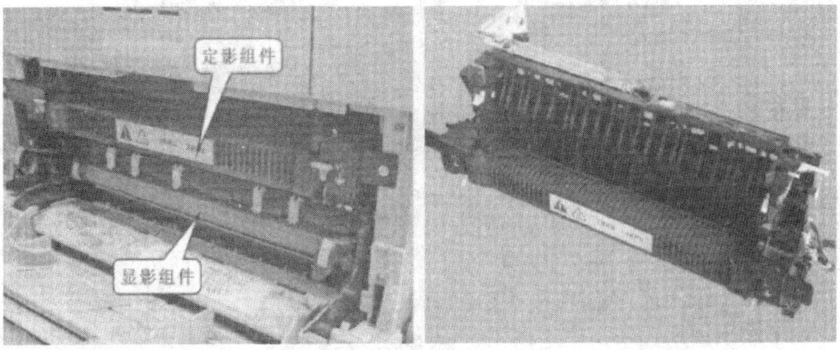

图9－8　定影组件

输纸机构分为手动输纸和自动输纸，自动输纸盒可以从复印机中拉出来。

⑤ 电路部分

电路部分是数码复印机进行信号处理和系统控制部分，主要由主控电路、计数器电路、扫描控制电路、图像信号处理电路、激光打印控制电路、纸盒控制电路、电源供电电路等构成，如图9－9所示是数码复印机的电路板。

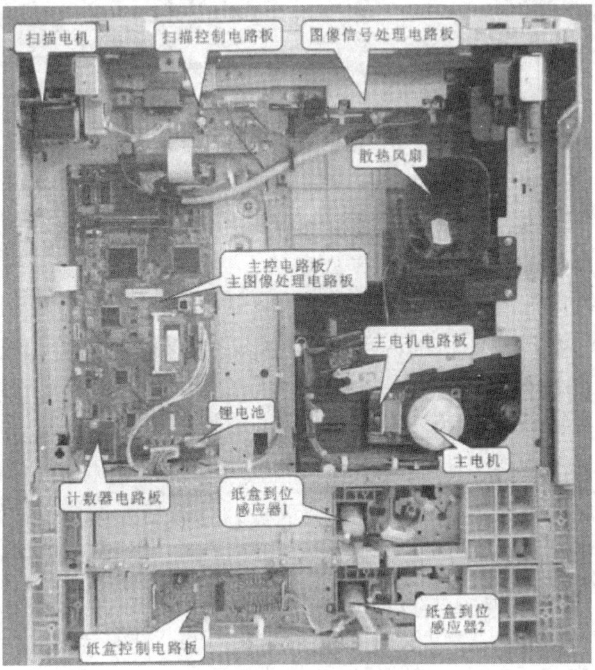

图9－9　数码复印机的电路板

3. 数码复印机的工作原理

图9－10是数码复印机的工作原理图，复印机的扫描组件在电机的驱动下，沿导轨对稿台玻璃上的稿件进行水平扫描，从稿件反射下来的图像经反射镜反射后，将图像反射到镜头组件上，再照射到CDD图像传感器的感光面上，图像传感器将接收到的图文信号经过数字信号处理电路转换成图文信号，再经过主控电路和激光调制电路，调制后的激光束对感光鼓进

行扫描，在感光鼓上得到静电潜像，接着经过显影、转印、定影等一系列过程，最终完成复印过程。

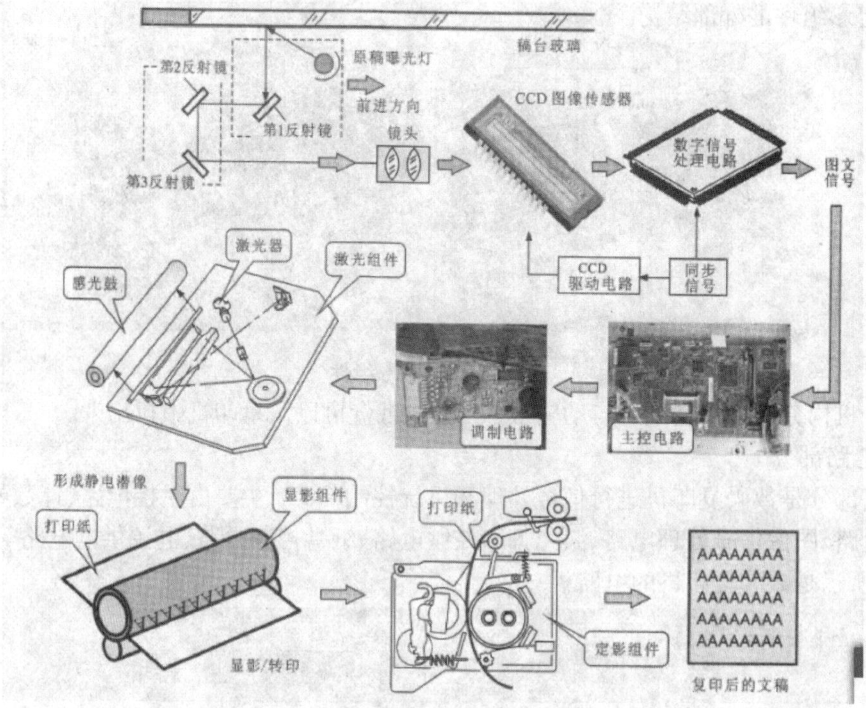

图9－10　数码复印机的工作原理图

4. 数码复印机的保养与维护

数码复印机在使用过程中，应注意日常的保养与维护，保证机器能长时间正常稳定地工作，同时也能延长复印机的使用寿命。

(1)数码复印机的日常清洁

使用一段时间后，数码复印机的内部、硒鼓、定影组件等会附着墨粉、灰尘，因此，使用1个月左右最好做一次清洁保养。

① 外部清洁

空气中本身就有很多的灰尘，原稿盖板经常接触到各种各样的原稿，人的手也不断地触翻盖板，因此，要经常擦洗原稿盖板和稿台玻璃板，通常三天进行一次清洁。

清洁时，要用清洁柔软的棉布蘸点肥皂水轻轻擦拭，接着用蘸有清水的棉布擦拭几遍，最后再用干棉布擦干即完成清洁工作。不能使用酒精等溶剂进行擦拭，也不可使用粗糙的布，以免腐蚀、划伤稿台。同时，也要清除机器外表面的灰尘，每天用完复印机之后最好是用一塑料罩或布罩将复印机盖起来加以保护。

② 内部清洁

· 扫描组件的清洁

扫描组件用于对文本、图片的扫描，主要由曝光灯、光电传感器、反射镜、滑动导轨等组成，若光学部件受到了污染就可能使光路造成遮光，影响复印质量，因此，要定期清洁扫描组件。清洁曝光灯时，应拔掉复印机的电源线，打开复印机的前盖并用细毛刷将曝光灯及其他光学元件上的灰尘轻轻刷掉，再用棉布或镜头纸把光学元件擦干净。同时对滑动导轨清洗并注入机油以加强润滑。

光电传感器是将文本或图片的扫描图像转换成电信号，因此，光电传感器清洁与否直接影响着复印件的质量，而光电传感器售价比较高且表面又十分脆弱，所以清洁时应格外小心，用柔软的纱布由一端向另一端单向擦拭，用力一定要均匀，如果擦不干净的话，可蘸些清洗液进行擦拭，通常两个月为一个维护周期。

· 显影组件和定影组件的清洁

显影组件需清洁的部件有：显影磁辊、传动齿轮、搓纸轮和各类轴承等。可采用吸尘器将显影装置表面的墨粉和尘埃吸走，也可采用边刷边吸或边刷边吹的方法。在进行清洁的时候如发现显影磁辊的两侧、搅拌轴的两侧有漏粉现象，应进一步检查磁辊轴和搅拌轴轴承的密封情况，如发现有磨损或损坏现象应立即更换。

定影组件的主要部件有：定影辊、压力辊、输纸轮、纸尽传感器等。可用蘸有水的棉布轻轻擦拭这些部件。

· 输纸机构的清洁

复印机的纸路如果脏污就会影响进纸、走纸及出纸等，而且还可能造成卡纸的故障。维护时要把各个器件都拆开来，用蘸有水的棉布擦拭这些部件进行彻底的清洁。

· 电路板的清洁

用软毛刷清扫电路板，对于积灰尘较多的地方，可用蘸有酒精的棉花擦拭。

(2) 数码复印机使用注意事项

数码复印机在使用过程中，要掌握正确的操作方法。

① 数码复印机必须平稳牢固地放在工作地上，复印机上不能放置其他物品，防止在工作过程中产生振动。

② 添加纸张时，必须将导纸板调整与纸张尺寸相适应的位置，纸张要放置平整，否则可能会造成卡纸故障。

③ 使用数码复印机的持续时间不宜过长，避免定影器等内部器件温度过高而损坏。

④ 根据稿台玻璃刻度板的指示放好原稿，复印有顺序的原稿时，应从最后一页开始，这样复印出来的复印品顺序就是正确的，否则，还需重颠倒一遍。

⑤ 根据原稿纸张、字迹的色调深浅，适当调节复印浓度。原稿纸张颜色较深的，如报纸，应将复印浓度调浅些；字迹浅条细、不十分清晰的，如复印品原稿是用铅笔写的，则应将浓度调深些；复印图片时一般应将浓度调淡些。

三、任务完成

数码复印机的常见故障及检修方法：

数码复印机的工作过程可分为文稿扫描和激光打印两个阶段，并由电路系统提供工作电压和控制信号，当复印机出现故障后，根据故障现象，有针对性地对扫描、打印、电路等部分进行维修。

数码复印机的常见故障可分为三大类：整机工作异常、打印/复印异常、输纸异常。

(1) 整机工作异常故障的检修

整机工作异常的故障现象表现为不开机、开机无反应、数据传输异常、操作按键失灵、显示异常等。

① 无法开机

按下电源开关后复印机电源指示灯不亮，显示屏也不亮，按下操作键无任何反应。这种故障大多是电路部分出现了故障，重点检查电源电路、主控电路等。

电源电路测量输出电压3.3V、5V、24V是否正常，若不正常，则要测量整流滤波电路有无300V直流电压，开关管是否击穿等，检修思路就是开关电源电路的检修方法。

② 开机无反应

按下电源开关后，显示屏亮，但按下操作键无任何反应。这种故障可重点检查接口电路、主控电路等。

检查接口电路板和主控电路板上的各种接插件，可拔出来再重新插上去，往往可解决插件接触不良的故障。主控电路重点检查微处理器芯片和保护电路电路芯片等。

③ 数据传输异常

数码复印机进行打印时，打印数据一直处于传输状态。可重点检查复印机的打印驱动程序是否正常，重新安装驱动程序还不能排除故障，则要检查主控电路板上的微处理器芯片等。

④ 操作按键失灵

数码复印机开机正常，通过对其进行打印控制，打印良好，但对面板进行手动操作时，操作失灵。这种故障重点检查操作电路板上的按键、控制芯片和5V工作电压是否正常。

⑤ 显示异常

数码复印机开机正常，但显示屏出现故障代码、乱码或无显示等故障。可根据显示屏显示的故障代码找出故障点；若出现乱码，应检查操作显示电路，也可考虑显示屏是否损坏；显示屏无显示，重点检查操作显示电路和主控电路。

(2)复印(打印)异常故障的检修

数码复印机打印或复印异常表现为打印(复印)品质下降，例如复印全白、图文颜色太淡、有纵向白线、纵向黑线、一侧墨粉较浓、图像有黑点等。

① 复印(打印)全白

复印纸上全白，看不到任何图像的痕迹。这种故障大多是显影机构中充电辊无充电电压引起的，应检查主控电路板是否有高压输出信号，高压电路板是否损坏，打印驱动电路是否损坏，打印电机是否工作正常。

② 复印(打印)图文浅淡，调节浓淡控制按钮无明显作用

图9-11是原稿件与复印件图像对比，复印件图像浅淡，难以辨认。

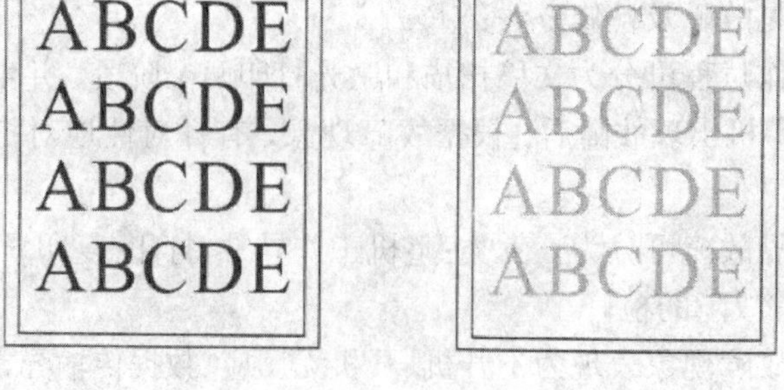

图9-11　原稿件与复印件图像对比

此类故障可能是：

·光学部件脏，可清洁排除故障。

·感光鼓老化。有的感光鼓寿命约 2 万张，检查纸张数是否超出了感光鼓的使用寿命。只有更换感光鼓才能解决问题。

·感光鼓表面充电电位过低，造成曝光后表面电位差太小，即静电潜像的反差小。调整充电电位或调整充电电极丝与感光鼓的距离。

·墨粉不足，无法充分显影造成显影对比度不够。加注墨粉即可解决问题。

· 转印电极丝距离感光鼓表面（纸张）太远，转印电流太小，不能使纸背面带有足够的转印电荷，影响转印效果。调整转印电极丝与感光鼓的距离即可。

·复印机工作的环境湿度过大，纸张含水率过大造成。

③ 复印（打印）稿有纵向白线

这种故障可能是：

·显影组件有故障：感光鼓上缠有异物。小心取出异物即可。

·定影组件有故障：充电电极丝变脏或损坏。清洗或更换充电电极。

·扫描组件故障：CCD 图像传感器异常。检查 CCD 图像传感器的工作电压，是否有虚焊等。

④ 复印（打印）稿有纵向黑线

引起这种故障可能是：

·显影组件有故障：感光鼓脏污或损坏；显影辊的刮墨板破损；清洁刮板变形或磨损。

·定影组件有故障：定影加热辊有墨迹。

·扫描组件故障：扫描反射镜变脏等，应耐心细致检查这些部位。

⑤ 复印（打印）稿上有黑点

这种故障应重点检查：

·感光鼓上可能有点状伤痕。

·充电辊有污迹或伤痕。

·稿台的玻璃上有黑点。

⑥ 打印清晰，复印模糊不清

打印清晰，说明显影组件、定影组件工作正常，故障出现在扫描组件，应重点检查扫描组件，扫描组件主要由 CCD 图像传感器及控制电路板、镜头、曝光灯、反射镜步进电动机、滑动导轨等组成，曝光灯将光照射到稿件上，反射光通过镜头组件照射到 CCD 图像传感器，将光图像转换成电信号输出。因此，只要这个工作过程中的任何一个部件出现故障，就会导致复印模糊不清，甚至无法复印。

（3）输纸异常故障的检修

输纸异常故障表现为卡纸、不输纸、警告输纸错误等，通常是由于输纸机构和相关传感器损坏引起的。

① 卡纸故障

卡纸是最常见的故障，在复印机故障中占 70% 以上，引起卡纸的部件有：

·分离爪磨损。复印机长期使用，感光鼓或定影辊分离爪会严重磨损，无法将复印纸从感光鼓或定影辊上分离下来，因而出现卡纸。严重时，使纸缠绕其上出现卡纸故障。检修时，可用无水酒精清洗定影辊和分离爪上的墨粉，拆下磨损的分离爪，用细砂纸打磨，这样能使复印机继续使用一段时间，或者更换新的分离爪。

· 纸路传感器故障。纸路传感器设在分离区出纸口处，采用超声波或光电元器件对纸张的通过与否进行检测。当纸张在前进中碰触到传感器运输的小杠杆，阻断了超声波或光线，从而检测出纸张已通过，发出进行下一步程序的指令。如果小杠杆转动失灵，就会阻止纸张前进，从而造成卡纸故障，故应检查纸路传感器是否正确动作。

· 对位辊磨损及驱动离合器损坏。对位辊是复印机纸张搓出纸盒后，带动纸张前进对位的硬橡胶辊，分别位于纸张的上下两侧。对位辊磨损后会使纸张前进速度减慢，纸张会经常卡在纸路中段。对位辊驱动离合器损坏使辊无法旋转，纸张无法通过，出现这种情况，应更换新的对位辊。

· 出口挡板位移。当出口挡板发生位移或偏斜，会阻碍复印纸顺利输出，造成卡纸故障。这时应对出口挡板进行校正，使挡板平直，活动自如，卡纸故障得到解决。

· 定影污染。定影辊是复印纸通过时的驱动辊，定影时受高温熔化的墨粉容易使定影辊表面污染，使复印纸粘在定影辊上。这时用无水酒精清洗定影辊，并在表面涂上少许硅油就可解决问题。

② 多页进纸故障

搓纸时，搓纸轮靠摩擦力带动纸张前进，分离片则阻挡后面几页纸，这样一次只能进入一张纸。当搓纸轮磨损或者分离片磨损、脏污等，会引起分离阻力减小，一次进多页纸。因此，应重点检查搓纸轮或分离片。

③ 提示卡纸故障

复印机输纸正常，但显示屏显示卡纸。应重点检查纸张传感器是否异常，纸路中是否有纸屑等。

思考题

1. 数码复印机有什么特点？
2. 请说出复印机的基本结构。
3. 简述复印机的工作原理。
4. 简述复印机的保养与维护。
5. 复印机按下电源开关后，显示屏亮，按下面板上的按键无反应，分析故障原因。
6. 简述复印机卡纸故障的原因及排除方法。

项目十　电冰箱的维护与维修

电冰箱是一种带有制冷装置的储藏柜，对放入其中的食物进行冷却或冷冻，以延长食物的存放期。电冰箱给人们的生活带来了便利，成为家居日常必备的电器之一。

一、任务名称

本任务名称是电冰箱的维护与维修。随着人们生活水平的不断提高，电冰箱在城市已经普及，受家电下乡政策的支持，电冰箱正在快速进入农村，电冰箱的市场非常大。随着电冰箱市场保有量的日益增多，其在使用过程中出现故障的几率也相对提高，所需要的维护与维修人员也在不断增长，本项目介绍电冰箱维护与维修技能。

二、任务描述

1. 电冰箱的基本结构

(1) 电冰箱的分类及规格参数

· 电冰箱的分类

电冰箱的外形美观，内部结构多种多样，它有多种分类方式：按用途进行分类；按冷却方式进行分类；按外形进行分类；按气候环境进行分类等。

①按照用途进行分类

电冰箱按用途可分成冷藏式电冰箱、冷冻式电冰箱、冷藏－冷冻式电冰箱三种。

· 冷藏式电冰箱

冷藏式电冰箱是指仅仅有冷藏室的电冰箱，其温度通常保持在0℃以上，常用于超市、小卖部的饮品冷藏。

· 冷冻式电冰箱

冷冻式电冰箱又称为冰柜，指只有冷冻室的电冰箱。其温度通常保持在0℃以下，常用于超市储藏冻鱼、水饺等食品。

· 冷藏－冷冻式电冰箱

冷藏－冷冻式电冰箱是指同时具有冷藏和冷冻室的电冰箱，既可冷藏食品，又可冷冻食品，是家庭中常用的电器之一。

②按照外形进行分类

按照外形进行分类，就是按照箱门的数量进行分类，可分为单门式电冰箱、双门式电冰箱、多门式电冰箱，如图10－1所示。

· 单门式电冰箱

这种电冰箱只有一个门，结构简单，食物冷却速度快，耗电少，多应用于商店饮品的冷藏。

· 双门式电冰箱

即有两扇门的电冰箱，一般上层为冷藏室，温度为℃0 ~ 10℃，用于暂存即将食用的食物;下层为冷冻室，温度可达 -6℃ ~ -18℃，用于低温冷冻食品。

· 多门式电冰箱

这是具有三扇或三扇以上箱门的电冰箱，外形比较高大，外观豪华，价格也比较贵，属于中高档电冰箱。

单门电冰箱　　双门电冰箱　　多门电冰箱

图 10 - 1　电冰箱按外形分类

③按照冷却方式进行分类

电冰箱按照冷却方式可分为直冷式、间冷式和混冷式三种。

· 直冷式

电冰箱的冷藏室和冷冻室分别设有蒸发器，冷藏室和冷冻室由各自的蒸发器吸收热量进行降温冷却。这种电冰箱的箱内会结霜，又称为有霜电冰箱，目前大多数家用电冰箱采用此类制冷方式。

· 间冷式

电冰箱仅在冷冻室设置蒸发器，利用风扇使冷冻室和冷藏室的空气形成对流，实现循环冷却。这种电冰箱的箱内不会结霜，又称为无霜电冰箱。

· 混冷式

混冷式是既有风冷，又有直冷的电冰箱，一般是冷藏室采用间冷式降温，冷冻室采用直冷式降温。此类制冷方式被许多新型多功能的大容量电冰箱采用。

④按照气候环境进行分类

主要是指不同地域的气候环境对电冰箱的制冷能力的要求不同，可分为 10℃ ~32℃的亚温带电冰箱;16℃ ~32℃的温带电冰箱;18℃ ~38℃的亚热带电冰箱;18℃ ~43℃的热带电冰箱。

⑤按照给压缩机提供电源的频率进行分类

按照给压缩机提供电源的频率可分为普通电冰箱(恒频电冰箱)和变频电冰箱两大类。

· 电冰箱的规格参数

电冰箱的产品型号说明内容有：电冰箱容积、用途分类、冷却方式等参数，按照国家 GB8059.2－1995 的规定，家用电冰箱的型号由五部分构成，各部分的含义如图 10－2 所示。

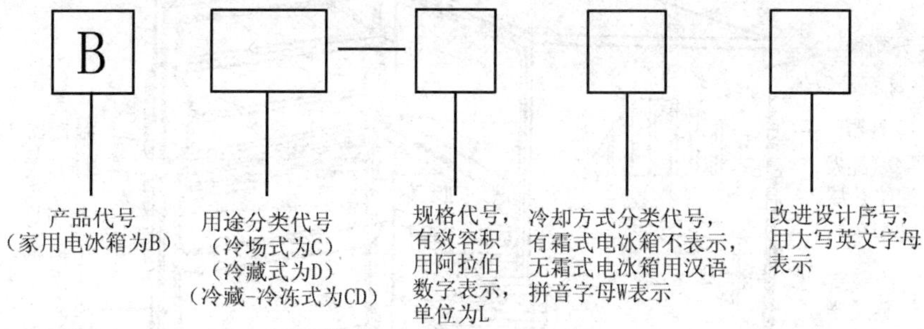

图 10－2　电冰箱型号表示方法和含义

例如，海尔 BCD－288W 表示电冰箱为无霜式家用冷藏－冷冻箱，有效容积为 288 升。

(2)电冰箱的基本结构

普通电冰箱的基本结构包括箱体、制冷系统、电气系统、附件四大部分，如图 10－3 所示，图 10－4 是电冰箱各部件名称及位置示意图。电冰箱的正面结构如图 10－5 所示。

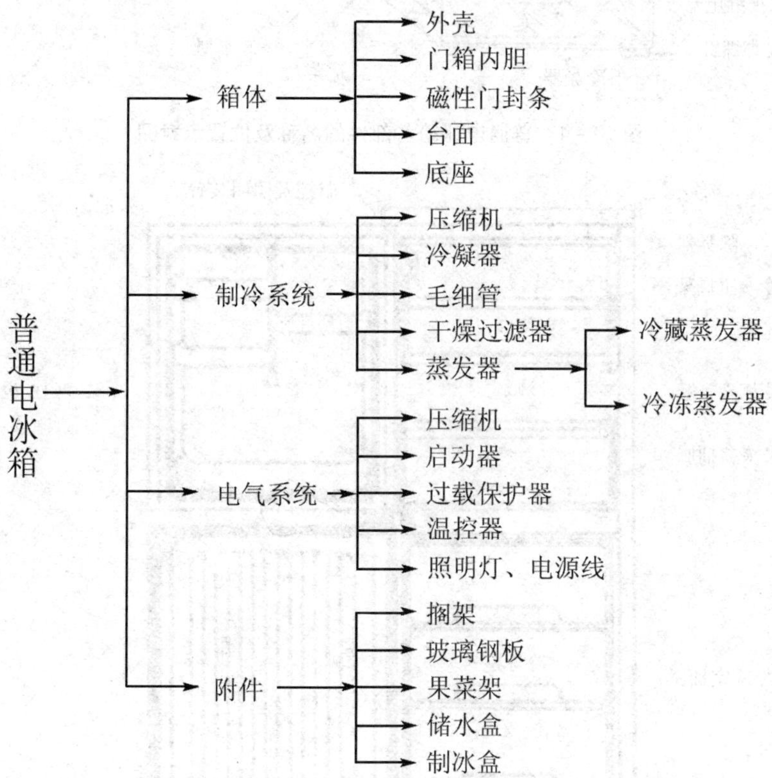

图 10－3　普通电冰箱的基本构成

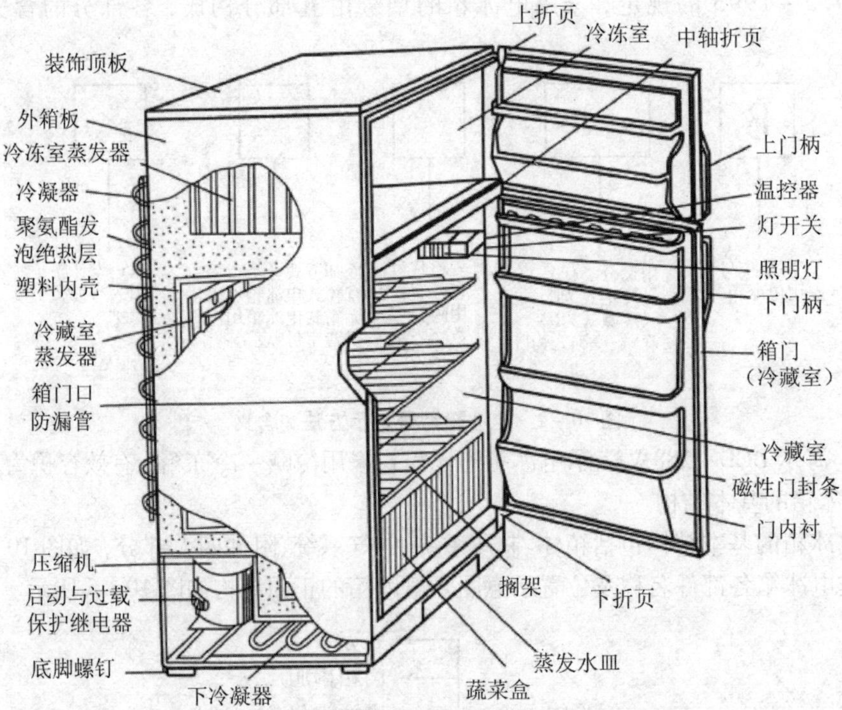

图 10－4　普通电冰箱各部件的名称及位置示意图

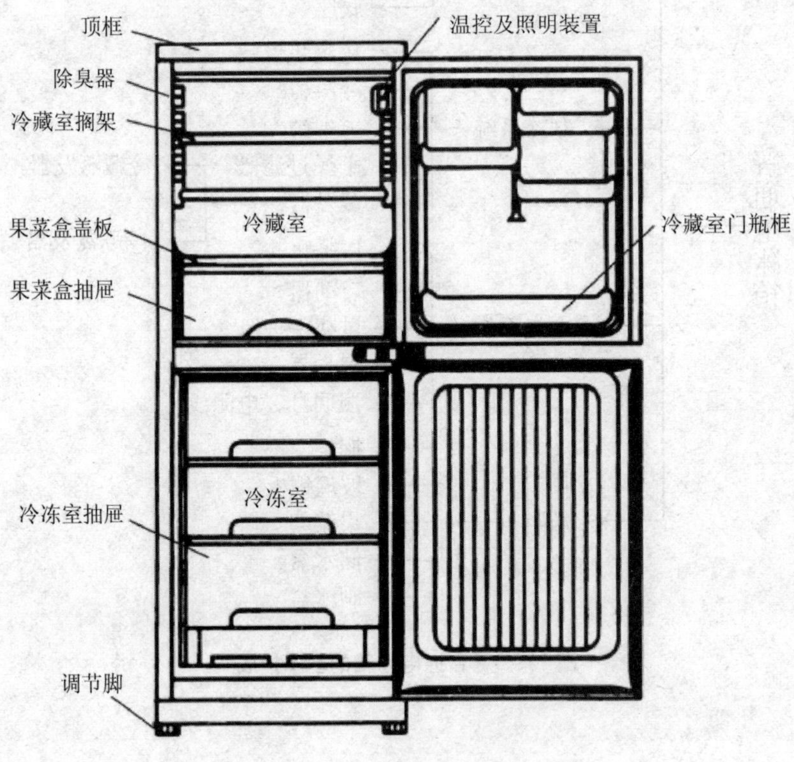

图 10－5　普通电冰箱的正面结构

2. 电冰箱的工作原理

电冰箱的制冷过程就是将箱体内的热量带走，从而达到冷却的目的。

(1)电冰箱的工作原理

图 10－6 是直冷式电冰箱的制冷系统与工作原理示意图。制冷系统主要由压缩机、冷凝器、管路、干燥过滤器、毛细管、蒸发器等构成，其中压缩机安装在电冰箱的底部，冷凝器、管路、蒸发器安装在箱体内部。

当压缩机旋转工作后，制冷剂通过压缩机的汽缸被压缩成高温、高压的气体后排出到冷凝器中，通过冷凝器散热，温度不断下降，制冷剂逐渐被冷却为中温、高压的饱和蒸汽，并进一步冷却为饱和液体，液态制冷剂经过干燥过滤器滤除水分和杂质后流入毛细管，由毛细管对液态制冷剂进行节流降压后，再进入蒸发器，吸收箱体内的热量而汽化，使箱体内的温度降低，这时液态的制冷剂变成了低温低压的气体，返回到压缩机。重复以上过程，不断将箱体内的热量转移到箱体外，实现了制冷的目的。

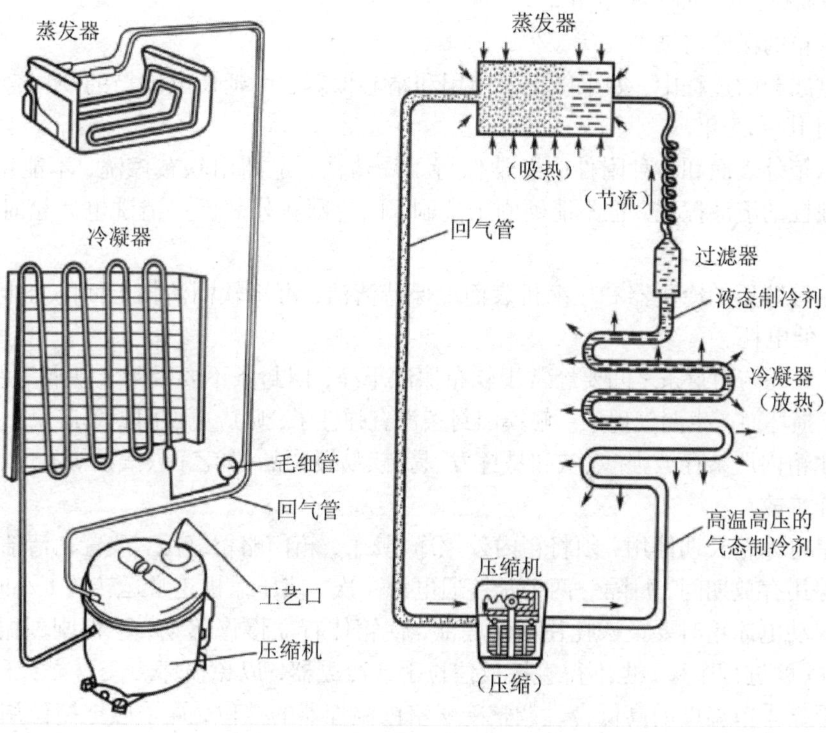

图 10－6　电冰箱制冷系统的构成与工作原理示意图

(2)制冷剂

电冰箱用的制冷剂是一种化学物质，它在电冰箱的制冷系统内利用物理变化来实现制冷功能。

我国采用的制冷剂主要是有氟和无氟两类。其中，有氟制冷剂主要是氟里昂和混合制冷剂，无氟制冷剂主要有 R406a、R600a。

①氟里昂

电冰箱采用的氟里昂主要是 CFC12，俗称 F12 或 R12，属于有氟制冷剂，它无色、无味、不可燃烧、不易溶于水、不含有酸性物质。但它对大气臭氧层有破坏作用，目前已被淘汰。

②混合制冷剂

把两种或多种制冷剂按不同比例混合后得到的性能较好的制冷剂，属于有氟制冷剂，它仍然对大气臭氧层有破坏作用，目前电冰箱不再采用。

③R134a

R134a 也称为 HFC－134a，属于无氟制冷剂，它无味、不可燃，但化学腐蚀性和溶于水性较强，使压缩机零部件的润滑性变差，所以它是电冰箱从有氟到无氟的过渡产品。

④R406a

R406a 也称为 HFC－406a，属于无氟制冷剂，它无异味、无色、不可燃，化学腐蚀性低，许多新型电冰箱采用 R406a 作为制冷剂。

⑤R600a

R600a 也称为 HC－600a，属于无氟制冷剂，它无异味、无色、性能稳定，沸点仅－11.73℃，是目前性能最好的制冷剂，许多新型电冰箱也采用 R600a 作为制冷剂。但它的密度比空气大，容易聚积且易燃，维修时要特别小心。

3. 电冰箱的保养与维护

使用电冰箱的过程中，如果能正确使用和精心保养，可延长电冰箱的使用寿命，一般可以连续使用 10～15 年。

①电冰箱外表面和各种附件应经常保持干燥清洁，定期用软布擦洗，不能用去污粉、汽油等有腐蚀性的溶液擦洗，也不能硬刷子洗刷，以免刮花外表面。清洗电冰箱时，必须切断电源。

②电冰箱背后的冷凝器和压缩机表面应保持清洁，可用软刷清扫上面的灰尘，以提高散热效能，降低电耗。

③电冰箱门与门封条之间要经常用软布擦洗干净，门封条不要吸附上铁屑等铁质金属物，以免门封条损坏而产生漏气现象。触摸门封条没有弹性了，则应更换门封条避免产生漏气。

④电冰箱内严禁存放强酸、碱和易挥发、易燃、易爆物品(如乙醚、汽油等)，以免腐蚀内胆或引起爆炸事故。

⑤如果电冰箱长期停用，须将箱内外擦净、晾干，箱门略留缝隙，放置在清洁干燥通风的室内。在停用存放期间，每隔一两个月接通电源一次，使压缩机正常运转约 1 小时后再关机。

⑥当移动电冰箱时要设法托住箱体底部，使箱体直立慢慢移动，不得剧烈振动，不可倒下或倾斜 45 度进行搬移，也不得直接扳住拉手或冷凝器，以免损坏。

⑦应根据季节温度的高低合理调整冷藏室内温控器的挡位，夏季应把挡位调在 1～2 挡，春秋季应调在 3 挡，冬季应调在 4～5 挡，冷藏室内温度保持在 4～8 挡为佳。当电冰箱长时间不用时，将温控器调节置于“0”或是“停”，使温控器内的弹片回到自然状态，延长其使用寿命。

⑧定期疏通排水管。电冰箱冷藏室内有一个排水孔，用于排出箱壁内的冷凝水，应定期用电线等进行疏通，以免排水管堵塞造成冷藏室积水。

⑨定期对冷冻室除冰。电冰箱使用一段时间后，冷冻室蒸发器上会有结冰，这就需要定期清理，既能减少压缩机运行负担，提高制冷效果，还能消灭很多的病菌。首先拔掉电源线，除冰的方法有:自然融化法，打开箱门，拿出冰箱内的食品，让冰块自然融化至脱落;热水除冰法，在冰箱内放几碗热水，几分钟后，冰块会大量脱落;电吹风除冰法，用电吹风小挡慢慢将冰吹化;电风扇吹风除冰法，使电风扇对着冷冻室吹风，十几分钟后冰块就会脱落下来。

注意，不能使用铲或硬物撬冰块，以免损坏蒸发器。

4. 电冰箱常用的检修工具

检修电冰箱时，除了螺丝刀、扳手等常用工具外，还需要专用工具，如割管刀、封口钳、压力表等，下面简单介绍这些工具。

①切管器：用于切割不同长度和管径的铜管，常见切管器如图 10－7 所示。

图 10－7　切管器

②扩管组件：对电冰箱的管路进行焊接之前，需要用扩管组件对其中一根铜管的接口进行扩口，以便与另一根铜管插接，常见扩管组件如图 10－8 所示。

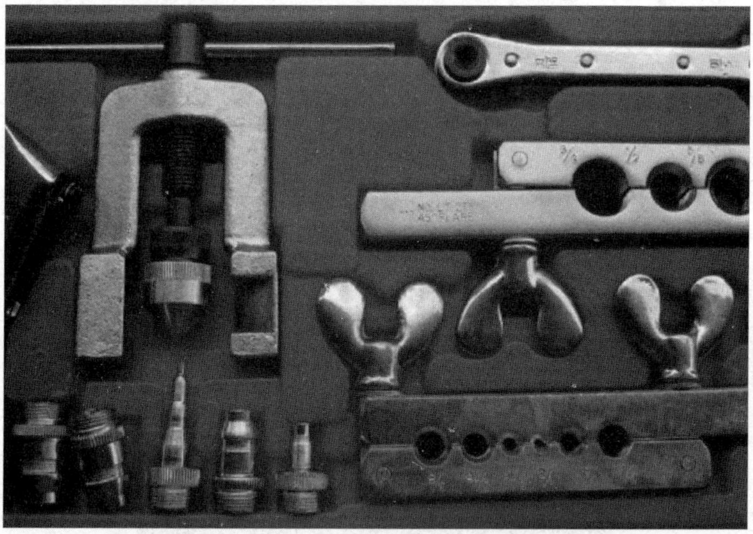

图 10－8　扩管组件

③三通维修阀：也叫三通检修阀，简称检修阀，主要作用是将电冰箱的管路与压力表、真空泵、制冷剂瓶、氮气瓶等维修设备进行连接，并对维修设备起切换作用。常见的三通维修阀如图 10－9 所示。

图 10－9　三通维修阀的实物外形

④真空泵和真空表：专门用于对电冰箱的制冷系统进行抽真空，同时接真空表观察抽真空情况。使用时，将真空泵和真空表与三通维修阀连接。常用的真空泵规格为 2～4L/S，真空泵和真空表如图 10－10 所示。

图 10－10 真空泵和真空表

⑤制冷剂钢瓶和氮气钢瓶：制冷剂钢瓶是用来存放制冷剂的专用容器；氮气钢瓶用于对电冰箱管路进行吹气、试压、检漏时通常都需要使用氮气。制冷剂钢瓶和氮气钢瓶如图 10－11 所示。

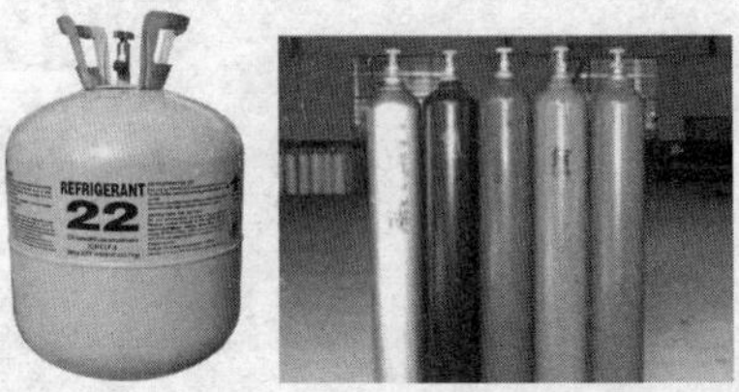

图 10－11 制冷剂钢瓶和氮气钢瓶

⑥气焊设备：主要用于制冷管路之间的连接与拆卸，常见的气焊设备有氧气－乙炔焊接设备、氧气－液化气焊设备、便携式气焊设备三种，维修人员多采用便携式气焊设备，常见的便携式气焊设备如图 10－12 所示。

图 10－12 便携式气焊设备

⑦钳形电流表：主要用于检测电冰箱压缩机的启动电流和运行电流，常用的钳形电流表如图 10－13 所示。

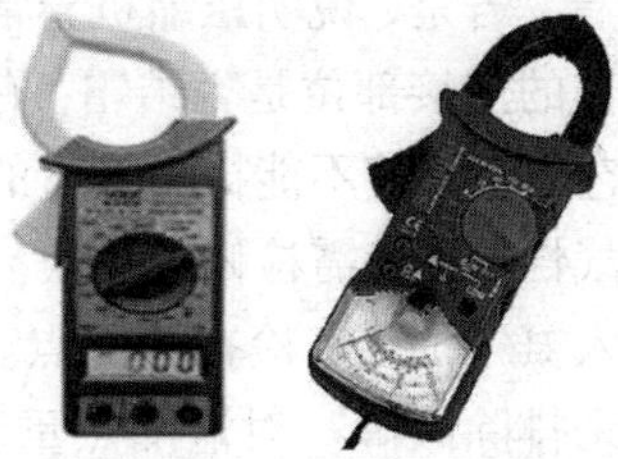

图 10－13 钳形电流表

⑧泡沫填缝剂：检修完电冰箱的管路或蒸发器后，通常使用泡沫填缝剂对电冰箱的隔热层进行填充，以保证制冷效果，常用的泡沫填缝剂如图 10－14 所示。

图 10－14 泡沫填缝剂

三、任务完成

电冰箱的常见故障及检修方法。

电冰箱出现的故障可分为制冷系统故障和电气系统故障两大类，每类故障的特点和检修方法不一样，需要不断地实践，积累丰富的维修经验，才能迅速查找出故障点并排除故障。

1. 电冰箱制冷系统的检修

典型的电冰箱制冷系统由压缩机、冷凝器、干燥过滤器、毛细管、蒸发器、防漏管等构成，如图 10－15 所示。

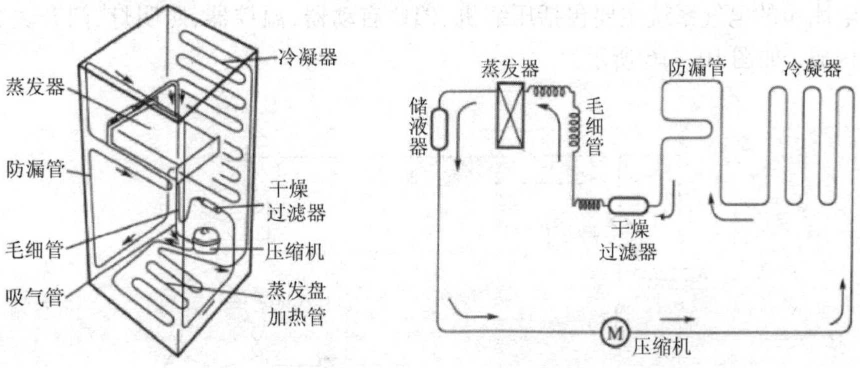

图 10－15 典型电冰箱制冷系统

电冰箱制冷系统典型故障现象表现为：压缩机运转但不制冷或制冷效果差。

故障原因：管路泄漏、管路堵塞引起，也有可能是压缩机排气性能差。

(1)管路泄漏故障的检修

首先听压缩机是否发出异常的声音，若是，说明压缩机异常，应检查压缩机；若压缩机运转声音基本正常，检查毛细管与蒸发器的连接部位是否结霜，有结霜，多为冰堵或脏堵故障。若毛细管没用结霜，打开压缩机的工艺管后，若不能排出大量的制冷剂，说明管路泄漏；若能排放足量的制冷剂，则说明压缩机排气性能差，需检修或更换。

确认管路发生泄漏，可向管路充入氮气加压，检查泄漏点。若泄漏点在冷凝器，且是内置的，则只能采用改装后背式冷凝器来排除故障。对泄漏点重新焊接，抽真空，再加注制冷剂等步骤，才能彻底排除故障。

(2)管路堵塞故障的检修

电冰箱不制冷，若听到压缩机运转声音基本正常，检查毛细管与蒸发器的连接部位有结霜，多为冰堵或脏堵故障。用电吹风热风挡吹毛细管或过滤器进行加热后，电冰箱能恢复制冷，则说明发生了冰堵故障，若无效，则说明发生脏堵。另外，若蒸发器出现周期性结霜、化霜，也说明出现了冰堵故障。

冰堵故障是由于抽真空不彻底所致。脏堵是由于焊接不当或者焊接时打磨方法不对，导致脏物进入管内等原因所致。

①脏堵故障。脏堵一般在毛细管结霜部位，应切割毛细管，截掉被堵塞的部位，每次割掉2cm，直到管口排出制冷剂为止，实践证明，毛细管截去的长度不超过40cm，基本上不会影响电冰箱的正常工作。接着由压缩机的工艺管口进行氮气加压，若截断的两个管口都有大量的气体排出，说明管路已经畅通，脏堵现象消失。然后更换干燥过滤器，重新焊接好毛细管，并对制冷系统抽真空，最后加注制冷剂即可排除故障。

②冰堵故障。焊好泄漏点，并焊下干燥过滤器，暂时不安装新的干燥过滤器，使冷凝器端的管口悬空，给电冰箱通电使压缩机运转，压缩机会发热，温度升高，经1~2小时就可以将压缩机内的水分蒸发掉，压缩机运转期间，用手指多次堵住、松开冷凝器的管口，可将冷凝器内的水分、油污等杂质排出。最后安装新的过滤器后，再抽真空1小时，加注适量的制冷剂，即可排除故障。

2. 普通电冰箱电气系统的检修

普通电冰箱的电气系统主要包括压缩机、PTC启动器、温控器、照明灯、门开关、过载保护器等部件构成，如图10-16所示。

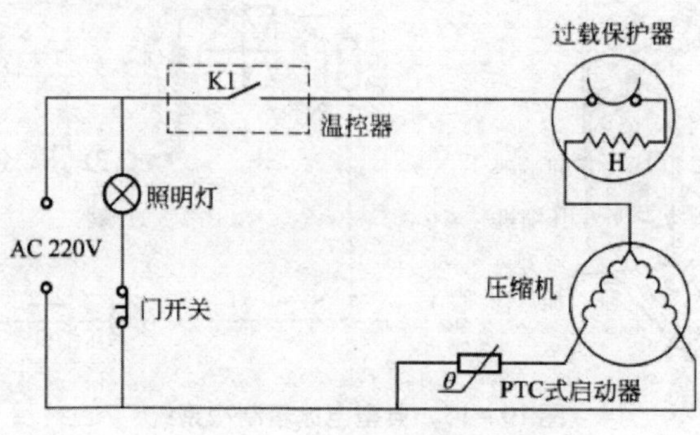

图10-16　典型电冰箱电路系统

（1）压缩机典型故障及检修方法

压缩机的作用是推动制冷剂在制冷系统中循环流动，它的内部有电机、冷冻油等，全密封拆解较难。它的外壳有三根短管，较细的管为高压管（又称排气管），较粗的管为低压管（又称吸气管），单独封口的是维修工艺管。压缩机外壳上有三个接线端子，分别是公用端子 C、启动端子 S、运行端子 M，如图 10－17 所示是压缩机接线端子及电机绕组电路图。

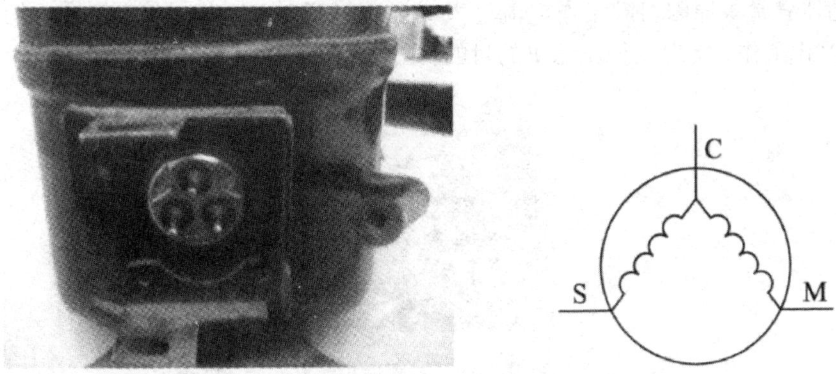

图 10－17　压缩机接线端子及电机绕组电路图

压缩机典型故障现象：不运转、不运转但有叫声、噪声大、排气量小。

压缩机的检修：目前，电冰箱通常采用往复式压缩机，运行绕组 CM 的阻值多为 5～22Ω，启动绕组 CS 的阻值多为 20～50Ω。用万用表测量绕组的阻值，就可判断压缩机的好坏。若绕组的阻值为无穷大，则绕组开路了；若绕组的阻值偏小，且短时间内压缩机的外壳温度很高，通常是绕组短路所致。而绕组的阻值正常，压缩机的噪声大，则是机械系统卡缸、抱轴引起的。

（2）PTC 启动器典型故障及检修方法

PTC 是一种正温度系数热敏电阻（Positive Temperature Coefficient，缩写：PTC），当温度低于 110℃（居里点）时，它为低阻值状态，仅为 10～33Ω；当温度超过居里点时，它的电阻值急剧增大，可达几百千欧甚至几兆欧，相当于开路，PTC 实物如图 10－18 所示。压缩机启动时，PTC 阻值小，为启动绕组提供较大的启动电流，这时 PTC 通过电流而发热，温度升高，阻值急剧增大，切断启动绕组的供电，完成了启动过程。

图 10－18　PTC 实物图

PTC 启动器典型故障现象：压缩机不能启动；有时能启动，有时不能启动。

PTC 启动器的检测：常温下，电冰箱 PTC 启动器阻值多为 16～26Ω；用电吹风给 PTC 加热，它的阻值应为无穷大。若加热后，它的阻值不能增大到无穷大，说明它的热敏性能下降，需要更换。

（3）过载保护器典型故障及检修方法

过载保护器又称为过热保护器，为防止压缩机过热、过流损坏而设置的。当压缩机因供电异常、启动器异常等原因引起工作电流过大或温度过高时，过载保护器动作，切断供电回路，压缩机停止工作，实现保护压缩机的目的，图 10－19 是过载保护器。

图 10－19　过载保护器

电冰箱常用的是碟形过载保护器，它由加热丝、双金属片及一对常闭触点构成，它安装紧贴在压缩机的外壳上，利用热胀冷缩原理。它串联在压缩机电路中，当流过它的电流过大时，电阻丝温度升高，双金属片受热而膨胀，将常闭触点分开，切断压缩机的供电回路，实现过流保护。

过载保护器典型故障现象：开路，使压缩机不能启动；短路，丧失对压缩机的保护。

过载保护器的检测：万用表的两个表笔接在它的接线端子上，正常时阻值应为 0；给它加热后，阻值应为无穷大。若阻值仍为 0，说明它的内部触点粘连在一起，需要更换。

（4）温度控制器典型故障及检修方法

温度控制器的作用是保持冷藏室和冷冻室内的温度在一定范围内变化。图 10－20 是温度控制器的实物图，它由感温管、感温囊、弹簧、动静触点开关等构成。感温管附在蒸发器上，当压缩机停止运转的时间增加，蒸发器表面温度逐渐上升，感温管内的感温剂膨胀使压力升高，推动机械机构使动触点和静触点闭合，接通压缩机供电回路，压缩机开始运转，电冰箱进入制冷状态，确保电冰箱内的温度在一定范围内变化。

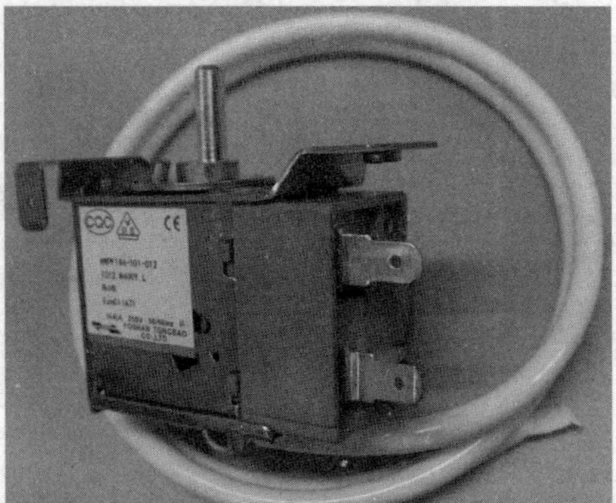

图 10－20　温度控制器

温度控制器典型故障现象:压缩机不能运转;压缩机不停机或运行时间过长，冷藏室有结冰的现象;压缩机运行时间不足，制冷效果差。

温度控制器的检测:万用表的两个表笔接在它的接线端子上，正常时阻值应为0;把它放入冷冻室进行冷冻，此时阻值应为无穷大。若阻值仍为0，说明它的内部触点粘连，需要更换。

(5)门开关和照明灯电路的检修

照明灯是为了用户方便存取食物而设置的，打开冷藏室门后开关接通，照明电路接通，照明灯亮;关闭箱门时，开关断开，照明灯熄灭。照明灯不亮，则可能是开关损坏或者灯的灯丝断路，万用表测量可判断其好坏。

3. 电脑控制型电冰箱的检测与维修

电脑控制型电冰箱与普通电冰箱的制冷系统几乎相同，不同的是电气系统，压缩机过流检测、箱内温度的控制、压缩机的运行时间等受到单片机的控制，同时还能显示当前冷藏室、冷冻室的实际温度等，并接受用户对温度的设置和控制。图10－21是典型电冰箱电脑板实物图。

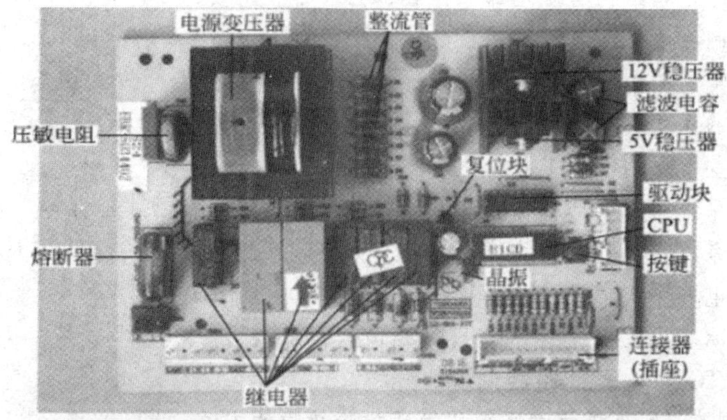

正面

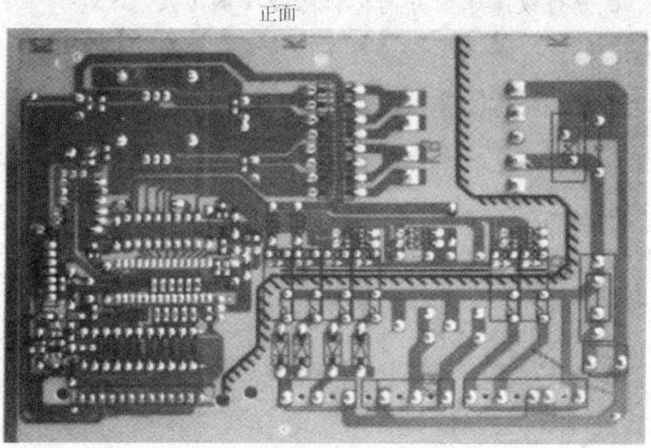

反面

图10－21　典型电冰箱电脑板实物图

电冰箱电脑板由电源电路、微处理器电路、按键输入电路与LED电路显示电路、传感器电路、驱动电路、继电器等构成。

电冰箱电脑板损坏的典型故障现象:电冰箱压缩机不运转，产生不制冷故障;压缩机不停机或运行时间过长，冷藏室有结冰的现象；压缩机运行时间不足，制冷效果差等。

电冰箱电脑板的检修：首先检查电源电路的好坏，它负责给电路板上其他电路提供工作电压，常用的是开关电源电路，检查保险管、整流滤波电路、开关管、光电耦合器等。其次检查继电器，它相当于一个智能开关，接受微处理器的指令，负责控制压缩机的运转与停止，进而控制电冰箱内的温度，它接通或断开瞬间电流比较大，内部的触点开关因频繁工作极容易损坏，继电器表面温度过高说明开关触点电阻过高产生过大热量，应及时更换。最后检查微处理器和驱动电路，微处理器要正常工作，必须有5V的供电电压，复位电平（小于3.6V）要正常，时钟振荡信号也要正常，这部分电路维修难度较高。若上门修理，通常采用更换整块电路板来解决问题。

思考题

1. 普通电冰箱的基本结构有哪几部分？各部分有哪些主要部件？
2. 简述电冰箱制冷的工作过程。
3. 目前电冰箱常用的制冷剂有哪些？
4. 简述电冰箱的保养与维护。
5. 电冰箱有哪些常用的检修工具？
6. 电冰箱制冷系统由哪些部件构成？电冰箱的电气系统包括哪些部件？
7. 电冰箱制冷系统常见的典型故障有哪些？如何判断这些故障？
8. 普通电冰箱电气系统常见的典型故障有哪些？如何判断这些故障？
9. 如何判断电冰箱压缩机的好坏？
10. 如何检测PTC启动器、温度控制器的好坏？
11. 电冰箱不制冷，试分析故障原因并简述排除故障的方法。

读者反馈意见

亲爱的读者：

感谢您对《家用电器原理与维修技术》的支持和热爱，为了今后为您提供更好的服务，请您抽出宝贵的时间来填写下面的意见反馈表，以便我们更好地对本教材做进一步改进，同时如果您在使用本教材的过程中遇到了什么问题，或者有什么好的建议，也请您来信、来电告诉我们。

地址：北京市丰台区科学城南极星大厦 108 室

电话：010 - 61229894/83794403

电子邮箱：caikai6223@263.net　QQ：649319527　QQ：1694299827

教材名称：《家用电器原理与维修技术》

个人资料：

姓名：__________年龄：__________所在院校/专业________________

文化程度：____________通讯地址：________________________

联系电话：____________电子信箱：________________________

您使用本书是作为：□指定教材□选用教材□辅导教材

您对封面设计的满意度：

□很满意□满意□一般□不满意□改进建议____________________

您对本书印刷质量的满意度：

□很满意□满意□一般□不满意□改进建议____________________

您对本书的总体满意度：

从语言质量角度看□很满意□满意□一般□不满意□

从科技含量角度看□很满意□满意□一般□不满意□

本书最令您满意的是：

□指导明确□内容充实□讲解详尽□实例丰富

您认为本书在哪些地方应进行修改？（可附页）

____

____

您希望本书在哪些方面可进行改进？（可附页）

____

____